"十四五"高等职业教育新形态一体化系列教材

Web前端技术基础

余 量 霍红艳◎主 编
金 正◎副主编

中国铁道出版社有限公司
CHINA RAILWAY PUBLISHING HOUSE CO., LTD.

内 容 简 介

本书是"十四五"高等职业教育新形态一体化教材，介绍了 Web 应用程序前端开发的基础技能。全书采用项目驱动式编写，共包括 12 个项目：项目 1 到项目 4 介绍 HTML（超文本标记语言）的基础语法和使用，帮助读者学习如何使用 HTML 搭建网页结构；项目 5 到项目 7 介绍 CSS（层叠样式表）的基础语法和使用，让读者可以通过 CSS 修饰美化网页；项目 8 到项目 12 讲解 JavaScript 的基本语法和在网页中的使用，赋予网页与用户进行交互的能力。通过学习本书，读者可以掌握前端网页开发的基础技能，为后续前端相关框架的学习奠定基础。

本书适合作为高等职业院校计算机及相关专业基础课教材，也可作为 Web 应用程序开发初学者的参考书。

图书在版编目（CIP）数据

Web 前端技术基础 / 余量，霍红艳主编 .—北京：中国铁道出版社有限公司，2023.8

"十四五"高等职业教育新形态一体化系列教材

ISBN 978-7-113-30438-6

Ⅰ.①W… Ⅱ.①余… ②霍… Ⅲ.①网页制作工具-程序设计-高等职业教育-教材 Ⅳ.① TP393.092.2

中国国家版本馆 CIP 数据核字（2023）第 142434 号

书　　名：	Web 前端技术基础
作　　者：	余　量　霍红艳
策　　划：	徐海英　王春霞　　　　　　编辑部电话：（010）63551006
责任编辑：	王春霞　徐盼欣
封面设计：	尚明龙
封面制作：	刘　莎
责任校对：	安海燕
责任印制：	樊启鹏

出版发行：中国铁道出版社有限公司（100054，北京市西城区右安门西街 8 号）
网　　址：http://www.tdpress.com/51eds/
印　　刷：三河市国英印务有限公司
版　　次：2023 年 8 月第 1 版　2023 年 8 月第 1 次印刷
开　　本：850 mm×1 168 mm　1/16　印张：12.5　字数：335 千
书　　号：ISBN 978-7-113-30438-6
定　　价：39.80 元

版权所有　侵权必究

凡购买铁道版图书，如有印制质量问题，请与本社教材图书营销部联系调换。电话：（010）63550836
打击盗版举报电话：（010）63549461

前　言

2018年2月5日，教育部、国家发展和改革委员会、工业和信息化部、财政部、人力资源和社会保障部、国家税务总局印发《职业学校校企合作促进办法》，全国高等职业院校纷纷响应，积极开展校企合作。各行业的代表企业也积极参与高职院校的校企合作，共同推进校企合作实施，以新的形式进行人才培养，为社会和企业提供优质的人才而努力。

党的二十大报告明确提出"加快构建新发展格局，着力推动高质量发展"。其中明确提出"建设现代化产业体系""推动战略性新兴产业融合集群发展，构建新一代信息技术、人工智能、生物技术、新能源、新材料、高端装备、绿色环保等一批新的增长引擎"。与此同时，要求"统筹职业教育、高等教育、继续教育协同创新，推进职普融通、产教融合、科教融汇，优化职业教育类型定位"。

在这样的背景下，科大讯飞股份有限公司（以下简称"科大讯飞"）作为国内人工智能语音处理的龙头企业，积极参与校企合作。在校企合作的实践过程中，科大讯飞联合曲靖职业技术学院等高职院校的专家共同研发大数据、人工智能专业群的高职层次专业人才培养方案和培养体系，更好地为社会培养人工智能、大数据相关专业的技术人才。

在人才培养过程中，科大讯飞与曲靖职业技术学院专家共同组织研发了基于大数据、人工智能专业高等职业教育人才培养体系的配套教材。其中，本书是大数据、人工智能专业群的专业基础课程教材。在本书的编写过程中，汲取了科大讯飞在高职人才培养的经验和曲靖职业技术学院专家的意见，结合人才培养项目式教学理念，按照新形态一体化教材的开发标准，由浅入深、循序渐进地引导读者学习Web前端开发的基础技能（HTML、CSS、JavaScript）。本书可以帮助读者完成网页结构搭建、网页外观设计与美化、网页交互行为的实现等工作。

本书每个项目都以一个项目案例作为核心，在此基础上通过项目导入、学习目标、相关知识、项目实施、小结、练习题等多方面培养Web前端开发的基础技能。同时每个项目配有大量的实践案例，以便于读者更好地学习和实践。本书每个项目的实践案例均提供了项目源代码以及配套的项目学习微视频，以更好地帮助读者学习。

读者通过学习本书，既能了解Web前端开发基础理论知识和概念，又能学习前端开发的技能和企业实践技巧，还能独立实践Web前端开发的技术知识，为后续进阶课程的学习打下基础。

　　本书由曲靖职业技术学院余量、霍红艳任主编，由曲靖职业技术学院金正任副主编，科大讯飞公司工程师张盛泉、彭波、舒东、蔡兵、姜玮、刘良琨和曲靖职业技术学院杨继婷、周林娥、甘华烨、毛亚妮、黄显丽参与编写。具体编写分工如下：项目1由杨继婷、周林娥编写；项目2由甘华烨、毛亚妮编写；项目3由张盛泉、黄显丽编写；项目4由彭波编写；项目5由舒东编写；项目6和项目7由余量编写；项目8和项目9由霍红艳编写；项目10由金正编写；项目11由蔡兵编写；项目12由姜玮、刘良琨编写。余量负责全书统稿定稿。

　　由于编者水平有限，书中不足与疏漏之处在所难免，敬请广大专家读者批评指正。

编　者
2023年3月

目　录

项目1　个人图片展示项目 ... 1

1.1　项目导入 ... 1
1.2　学习目标 ... 2
    1.2.1　职业能力 ... 2
    1.2.2　知识目标 ... 2
    1.2.3　职业素养 ... 2
1.3　相关知识 ... 2
    1.3.1　HTML的产生和发展历史 ... 2
    1.3.2　HTML语法基础 ... 3
    1.3.3　图片标签的使用 ... 5
    1.3.4　图片的引用 ... 5
    1.3.5　常用Web前端开发工具 ... 6
1.4　项目实施 ... 11
小结 ... 14
练习题 ... 14

项目2　春节简介网页制作 ... 15

2.1　项目导入 ... 15
2.2　学习目标 ... 16
    2.2.1　职业能力 ... 16
    2.2.2　知识目标 ... 16
    2.2.3　职业素养 ... 16
2.3　相关知识 ... 16
    2.3.1　段落标签的使用 ... 16
    2.3.2　文本格式化 ... 17
    2.3.3　链接标签的使用 ... 19

2.4	项目实施	21
小结		24
练习题		25

项目3　网页计划表制作 26

3.1	项目导入	26
3.2	学习目标	26
	3.2.1　职业能力	26
	3.2.2　知识目标	27
	3.2.3　职业素养	27
3.3	相关知识	27
	3.3.1　表格标签的使用	27
	3.3.2　列表标签的使用	30
3.4	项目实施	31
小结		35
练习题		36

项目4　注册页面制作 37

4.1	项目导入	37
4.2	学习目标	37
	4.2.1　职业能力	37
	4.2.2　知识目标	38
	4.2.3　职业素养	38
4.3	相关知识	38
	4.3.1　<div>标签的使用	38
	4.3.2　<form>表单标签的使用	39
4.4	项目实施	46
小结		49
练习题		49

项目5　"某趣阁"网站注册表单制作 50

| 5.1 | 项目导入 | 50 |
| 5.2 | 学习目标 | 51 |

目录

    5.2.1 职业能力 51
    5.2.2 知识目标 51
    5.2.3 职业素养 51
  5.3 相关知识 51
    5.3.1 CSS的相关概念 51
    5.3.2 CSS行内样式表的使用 52
    5.3.3 CSS字体常用属性的使用 53
    5.3.4 CSS背景相关属性的使用 60
    5.3.5 CSS边框相关属性的使用 66
  5.4 项目实施 72
  小结 76
  练习题 77

项目6 某招聘网站登录网页制作 78

  6.1 项目导入 78
  6.2 学习目标 79
    6.2.1 职业能力 79
    6.2.2 知识目标 79
    6.2.3 职业素养 79
  6.3 相关知识 79
    6.3.1 CSS内嵌样式表的使用 79
    6.3.2 CSS盒子模型的概念 85
    6.3.3 DIV+CSS布局的原理 86
    6.3.4 盒子模型相关的CSS属性的使用 86
    6.3.5 绝对定位和相对定位的CSS的使用 88
    6.3.6 HTML5中提供的新的布局元素 91
  6.4 项目实施 91
  小结 102
  练习题 102

项目7 某网上商城体验店网页制作 103

  7.1 项目导入 103
  7.2 学习目标 104

		7.2.1 职业能力	104

- 7.2.1 职业能力 104
- 7.2.2 知识目标 104
- 7.2.3 职业素养 104

7.3 相关知识 104
- 7.3.1 CSS外部样式表的使用 104
- 7.3.2 CSS的子选择器和组合选择器的使用 107
- 7.3.3 CSS的伪类选择器的使用 108
- 7.3.4 display属性的使用 110

7.4 项目实施 113

小结 121

练习题 122

项目8　简易网页计算器 123

8.1 项目导入 123

8.2 学习目标 125
- 8.2.1 职业能力 125
- 8.2.2 知识目标 125
- 8.2.3 职业素养 125

8.3 相关知识 125
- 8.3.1 在网页中使用JavaScript程序 125
- 8.3.2 变量 127
- 8.3.3 数据类型概念 128
- 8.3.4 常用的JavaScript数据类型 128
- 8.3.5 运算符 129
- 8.3.6 程序流程控制结构 131
- 8.3.7 简单的输入和输出 135
- 8.3.8 程序注释 136

8.4 项目实施 137

小结 140

练习题 140

项目9　统计成绩单 142

9.1 项目导入 142

9.2 学习目标...142
    9.2.1 职业能力..142
    9.2.2 知识目标..142
    9.2.3 职业素养..143
9.3 相关知识...143
    9.3.1 JavaScript常用内置对象..143
    9.3.2 Math对象的使用..143
    9.3.3 Date对象的使用..143
    9.3.4 String对象的使用..144
    9.3.5 Array对象的使用..145
    9.3.6 函数的使用...146
9.4 项目实施...148
小结..152
练习题..153

项目10　调色板 154

10.1 项目导入..154
10.2 学习目标..155
    10.2.1 职业能力...155
    10.2.2 知识目标...155
    10.2.3 职业素养...155
10.3 相关知识..155
    10.3.1 事件类型...155
    10.3.2 事件处理程序..156
    10.3.3 事件对象...157
    10.3.4 事件流..158
10.4 项目实施..160
小结..164
练习题..164

项目11　随机菜单生成器制作... 165

11.1 项目导入..165
11.2 学习目标..166

	11.2.1 职业能力	166
	11.2.2 知识目标	166
	11.2.3 职业素养	166
11.3	相关知识	166
	11.3.1 DOM的相关概念	166
	11.3.2 获取DOM元素	167
	11.3.3 操作元素内容	168
	11.3.4 操作元素属性	168
	11.3.5 DOM节点操作	173
11.4	项目实施	174
小结		177
练习题		178

项目12 整点报时时钟 ... 179

12.1	项目导入	179
12.2	学习目标	179
	12.2.1 职业能力	179
	12.2.2 知识目标	179
	12.2.3 职业素养	180
12.3	相关知识	180
	12.3.1 浏览器对象模型的简介	180
	12.3.2 常用浏览器对象模型	182
	12.3.3 定时器	184
12.4	项目实施	186
小结		189
练习题		189

项目 1

个人图片展示项目

1.1 项目导入

小彭同学外出旅游时拍了很多美丽的照片,旅游归来后,小彭同学想把自己照得最好的作品放在网上供大家观赏。小彭同学制作了一个分享主页,主页效果如图 1-1 所示。

图 1-1　项目主页效果

1.2 学习目标

1.2.1 职业能力
- 掌握扎实的计算机专业基础知识；
- 培养良好的学习能力；
- 培养优秀的动手实践能力。

1.2.2 知识目标
- 了解 Web 的基本架构；
- 理解 HTML 的发展过程；
- 掌握标题标签的使用；
- 掌握图片标签的使用；
- 掌握边框常用属性的使用。

1.2.3 职业素养
- 践行社会主义核心价值观，充分学习技能，为社会发展做出贡献；
- 诚信待人，在学习工作中虚心请教；
- 热爱工作，为实现中华民族伟大复兴中国梦贡献自己的力量。

1.3 相关知识

1.3.1 HTML 的产生和发展历史

在学习 Web 前端相关技术之前，先介绍一些 Web 的相关知识。Web 技术发展源于 Web-based 技术（即 Web 2.0）。简单地说，就是在网上建立一个网站并将其发布到网上以供人们浏览和使用。简单、易用、交互性强且操作简单等是 Web-based 技术给 Web 带来的优点。Web-based 系统有两个重要角色，即服务器端、客户端。服务器端上存放 HTML 文件、图片、视频等资源文件，然后等待来自 Web 浏览器的请求，当收到请求后会根据要求返回不同的资源如 HTML 文件等。客户端（如浏览器）则主要负责对网页进行解释和对网页进行交互操作。

HTML（hyper text markup language）是一种标记语言，它包括一系列标签，通过这些标签可以将网络上的文档格式统一，使分散的 Internet 资源连接为一个逻辑整体。HTML 主要通过标签对网页中的文本、图片、声音等内容进行描述。HTML 提供了许多标签，如段落标签、标题标签、超链接标签、图片标签等。网页中需要定义什么内容，就用相应的 HTML 标签描述即可。在介绍 HTML5 之前，首先介绍 HTML 的演变历程。

1. HTML 第 1 版

1993 年 6 月，HTML 作为互联网工程任务组（Internet engineering task force，IETF）工作草案发

布。众多不同版本的 HTML 开始在全球范围内陆续使用，这些初具雏形的版本可以看作 HTML 第 1 版。因为此时 HTML 版本众多，并没有统一的标准，所以不存在 HTML 1.0。

2. HTML 2.0

1995 年 11 月，HTML 2.0 发布，此时 HTML 标准逐渐统一。

3. HTML 3.2

1997 年 1 月 14 日，HTML 3.2 发布。HTML 3.2 是首个完全由 W3C 发布并加以标准化的版本，也是第一个被广泛使用的标准。

4. HTML 4.0

1997 年 12 月 18 日，HTML 4.0 发布。HTML 4.0 同样是 W3C 推荐的标准。1998 年 4 月 24 日，HTML 4.0 进行了微调，但未修改版本号。

5. HTML 4.01

1999 年 12 月 24 日，HML 4.01 作为 W3C 推荐的标准发布。HTML 4.01 同样是一个被广泛使用的标准。

6. XHTML 1.0

2000 年 1 月 26 日，XHTML 1.0 作为 W3C 推荐的标准发布。XHTML 1.0 是由 XML 1.0 和 HTML 4.01 衍生的版本，被称为可扩展超文本标记语言。相比于前几个版本的 HTML，XHTML1.0 的语法规则更加严格和规范。

7. HTML5

2014 年 10 月 28 日，HTML5 作为 W3C 推荐的标准发布。

1.3.2 HTML 语法基础

在对 Web 和 HTML 有了一个简单的认识之后，接下来介绍如何使用 HTML，以及 HTML 的基础语法。为此来分析经典的入门案例：在网页上输出"hello World！"。在本书中，HTML 标记也可称为 HTML 元素或 HTML 标签，这三种称呼都是一样的。图 1-2 所示为实现案例的运行结果。

图 1-2　运行结果

实现上述案例的代码如图 1-3 所示。

```
1  <!DOCTYPE html>
2  <html lang="en">
3  <head>
4      <meta charset="UTF-8">
5      <meta http-equiv="X-UA-Compatible" content="IE=edge">
6      <meta name="viewport" content="width=device-width, initial-scale=1.0">
7      <title>Document</title>
8  </head>
9  <body>
10     <h1>hello World!</h1>
11 </body>
12 </html>
```

图 1-3 案例代码结构

下面来分析"hello World 案例"中的代码。

第一行 <!DOCTYPE> 标签为声明标签，其作用是告知浏览器文档所使用的 HTML 规范。需要注意的是，<!DOCTYPE> 声明必须位于 HTML5 文档中的第一行。<!DOCTYPE> 声明有助于浏览器中正确显示网页。

<!DOCTYPE> 是不区分大小写的，下面的形式都是可以的，如图 1-4 所示。

```
<!DOCTYPE HTML>

<!doctype html>

<!Doctype Html>
```

图 1-4 <!DCOTYPE> 书写形式

<html> 标签是 HTML 页面的根标签。第二行 <html> 标签和第 10 行 </html> 标签的作用是限定文档的开始点和结束点。<head> 标签为 HTML 的头部标签，里面包含了所有的头部标签元素，如 <title>、<style>、<meta>、<script> 等。<meta> 标签可提供有关页面的元信息，该标签通常用于指定网页的描述、关键词、文件的最后修改时间、作者及其他元数据。这里主要设置了编码格式为"UTF-8"。第五行的 <title> 标签描述了文档的标题，其作用是设置当前网页的标题。<body> 标签定义文档的主体，其作用是表示 HTML 网页的主体部分，该标签中的内容用户可以看到。需要注意的是，一个 HTML 文件只能有一个 <body> 标签。第八行的 <h1> 标签为文章的标题标签，其作用是标记展示文章的标题。

HTML 中的标题标签是一组用于定义标题的标签，是用来展示标题和子标题的主要方法。它们被用来结构化网页文档，并且用于把文档分割成各种独立的部分。在 HTML 中，标题标签一般从 h1 到 h6，其中 h1 标签是最大的标题，h6 是最小的标题，依次逐级递减。每一个标签中可以嵌套大量的 HTML 元素和文字。其使用方法代码如下，标题运行效果如图 1-5 所示。

```
<h1>一级标题</h1>
<h2>二级标题</h2>
<h3>三级标题</h3>
<h4>四级标题</h4>
<h5>五级标题</h5>
<h6>六级标题</h6>
```

项目 1　个人图片展示项目

```
一级标题
二级标题
三级标题
四级标题
五级标题
六级标题
```

图 1-5　标题运行效果

由上面的"hello world 案例"中可以看出，HTML 代码中的标签是由尖括号包围着关键词，如 <html>、<head> 等；还可以看出 HTML 代码通常是成对出现的，如 <h1></h1>。一般称成对出现的标签中的第一个为开始标签，第二个带有斜杠的为结束标签。当然也有特殊情况下的标签，那就是自闭合标签。自闭合标签是指只有开始标签而没有结束标签。例如，常见的换行标签
 就是自闭合标签。需要注意的是，在 HTML5 标准中，自闭合标签中的斜杠加与不加都是可行的。

HTML 代码中的标签使用形式如图 1-6 所示。

```
<标签>内容</标签>
```

图 1-6　标签使用形式

1.3.3　图片标签的使用

HTML 图片标签是指 HTML 文档中用来在页面上显示图片的标签。默认情况下，HTML 图片标签使用 <img> 标签来表示。<img> 是空标签，它只包含属性，并且没有闭合标签。该标签具有必要的属性，以指定图片文件的位置及其他可选属性，如宽度、高度等。使用方法如下：

```
<img src="图片地址" alt="替换文本"
     width="宽度" height="高度" />
```

其中，src 属性表示存储图片的地址，是必须要填写的，一般填写图片的 URL 地址。alt 属性是在图片无法正常显示时显示的替代文本，给页面上的图像都加上 alt 属性是个好习惯。width 属性表示图片的宽度，height 属性表示图片的高度。

1.3.4　图片的引用

由于图片标签涉及填写图片的路径，为此需要先了解什么是绝对路径和相对路径，这样才能正确填写图片地址，否则填写错误的地址会导致图片显示失败。

相对路径：指在文件系统中相对于某一路径的其他文件或者文件夹的路径。相对路径不包括设备名称，从当前目录开始，也就是说，这个路径是从当前目录算起的。一般情况下，它不能唯一地确定一个文件或者目录。具体代码示例如下：

```
<img src="images/example.jpg" alt="Example">
```

绝对路径：指在一个文件系统中，与根目录有固定关系的完整路径名称，它包括设备名称、文件或文件夹名称、文件夹层次等属性，也就是说，该路径永远是从文件系统的根开始的。一般情况下，它可以唯一地确定一个文件或者目录。具体代码示例如下：

```
<img    src="http://www.example.com/
    images/example.jpg" alt="Example">
```

1.3.5　常用 Web 前端开发工具

工欲善其事，必先利其器。要想学习好前端技术，编写前端代码的编辑器工具是必不可少的。市面上有很多前端开发工具，主流开发使用的主要是 WebStorm 和 Visual Studio Code。

1. WebStorm

WebStorm 是 JetBrains 公司旗下一款 JavaScript 开发工具，它与 IntelliJ IDEA 同源，继承了 IntelliJ IDEA 强大的 JS 部分的功能。WebStorm 启动界面如图 1-7 所示。

图 1-7　WebStorm 启动界面

WebStorm 是收费的，它具有如下优点：

（1）智能的代码提示，因为项目启动会建立索引，所以提示也是很准确的；

（2）查找引用，对于模块化的项目，可以很简单地看到这个模块被谁引用；

（3）重构、重命名变量或者文件名称时会查找引用并且同步修改；

（4）准确快速跳转方法、组件定义位置；

（5）版本控制工具，使用 UI 的形式操作 git，对于 diff、merge 都很友好。尤其是对于 merge，可以智能合并大部分冲突，也可以使用命令行操作；

（6）设置同步功能，登录账号后，多个设备之间设置会自动同步并处理好操作系统的差异；

（7）upsource 集成更加简单、操作方便；

（8）本地历史功能，即使误操作删除了代码，通过它也能找回。

2. Visual Studio Code

Visual Studio Code 是微软推出的带 GUI 的代码编辑器，软件功能非常强大，界面简洁明晰，操作方便快捷。Visual Studio Code 界面如图 1-8 所示。

Visual Studio Code 具有以下优点：

（1）开源、免费、跨平台；

（2）有完善的插件生态，其插件种类繁多，从代码样式更改到代码提示补全，再到代码运行调试格式化，只要找到相应的插件，就能添加相应的功能；

（3）内置了 git 版本管理工具，令版本管理更加方便。

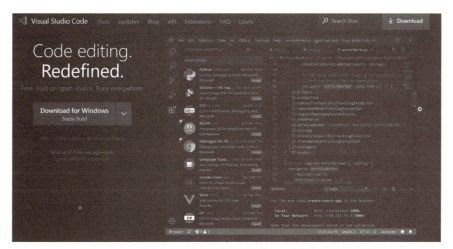

图 1-8　Visual Studio Code 界面

本书使用 Visual Studio Code 进行前端开发。接下来带领读者进行 Visual Studio Code 的安装及使用。具体步骤如下：

（1）下载安装 Visual Studio Code，在浏览器输入网址，进入官网后单击下载对应计算机系统版本的安装文件即可，如图 1-9 所示。

图 1-9　Visual Studio Code 官网

（2）下载完成后，单击打开安装程序开始安装，如图1-10所示。

图1-10　安装步骤1

（3）设置安装路径，如图1-11所示，单击"下一步"按钮。

图1-11　安装步骤2

（4）进入"选择开始菜单文件夹"界面，这里选择"不创建开始菜单文件夹"（也可以根据需求选择创建），如图1-12所示。单击"下一步"按钮。

（5）勾选"将'通过Code打开'操作添加到Windows资源管理器文件上下文菜单"和"将'通过Code打开'操作添加到Windows资源管理器目录上下文菜单"这两个复选框（见图1-13），勾选此

项目 **1**　个人图片展示项目

项后，可以对硬盘中的文件通过右键快捷菜单选择以 Visual Studio Code 软件来打开。

图 1-12　安装步骤 3

（6）不建议勾选"将 Code 注册为受支持的文件类型的编辑器"复选框（见图 1-13），如果勾选此项会默认使用 Visual Studio Code 打开支持的相关文件，文件图标也会改变。

（7）建议勾选"添加到 PATH（重启后生效）"复选框（见图 1-13），这样可以使用控制台打开 Visual Studio Code。

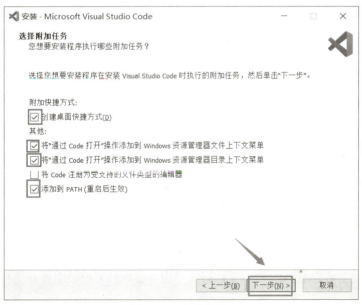

图 1-13　安装步骤 4

（8）完成安装后弹出图 1-14 所示的界面，单击"完成"按钮即可安装成功。

图 1-14　安装步骤 5

接下来需要对 Visual Studio Code 进行必要的插件安装，以方便程序代码的开发。Visual Studio Code 默认是英文显示，如果要以中文显示，可以通过安装 Chinese 插件对 Visual studio Code 进行汉化，如图 1-15 所示。

图 1-15　插件安装示例

Chinese 插件安装之后，单击重新加载或者重启 Visual studio Code，即可完成汉化。

接着安装 Live Server 插件，该插件主要是将开发的网页在模拟服务器中运行以方便看到开发效果。简单地来说，就是写完 HTML 代码文件后需要用到该插件来模拟服务器运行 HTML 文件。安装方法如图 1-16 所示。

项目 1　个人图片展示项目

图 1-16　live Server 插件安装

到此 Visual Studio Code 已经完成初步配置，可以开始写 HTML 代码并且运行了。

1.4 项目实施

（1）创建项目结构并准备项目资源，开发项目之前，一般要先创建项目的工程文件夹来存放项目代码和项目所需资源图片等。因为本次项目要用到图片资源，所以需要在项目工程文件夹中再创建一个 imgs 文件夹用于存储图片资源，如图 1-17 所示。

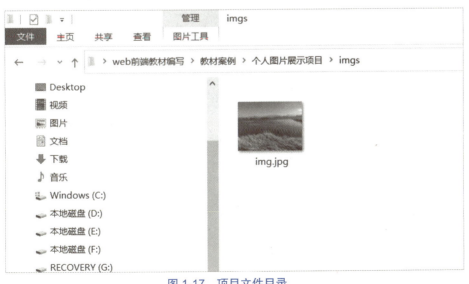

图 1-17　项目文件目录

视　频

个人图片
项目展示

Web 前端技术基础

紧接着打开 Visual Studio Code 编辑器，然后单击左上角的"文件"菜单，通过"打开文件夹"命令打开项目文件夹"个人图片展示项目"，如图 1-18 所示。

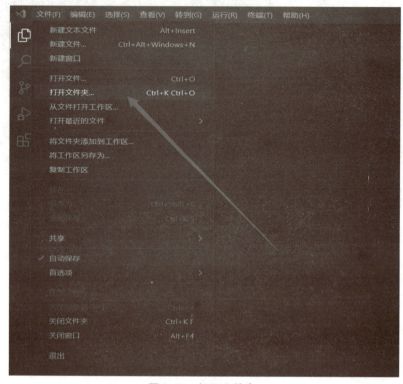

图 1-18　打开文件夹

然后在"个人图片展示项目"文件夹下创建 showMyImg.html 文件，项目文件结构如图 1-19 所示。

图 1-19　项目文件结构

项目 1 个人图片展示项目

打开 showMyImg.html 文件,开始编写项目代码,使用 Visual Studio Code 快捷键快速生成 HTML 文件的框架模板。这可以通过输入感叹号实现,如图 1-20 和图 1-21 所示。

图 1-20 快捷方式输入

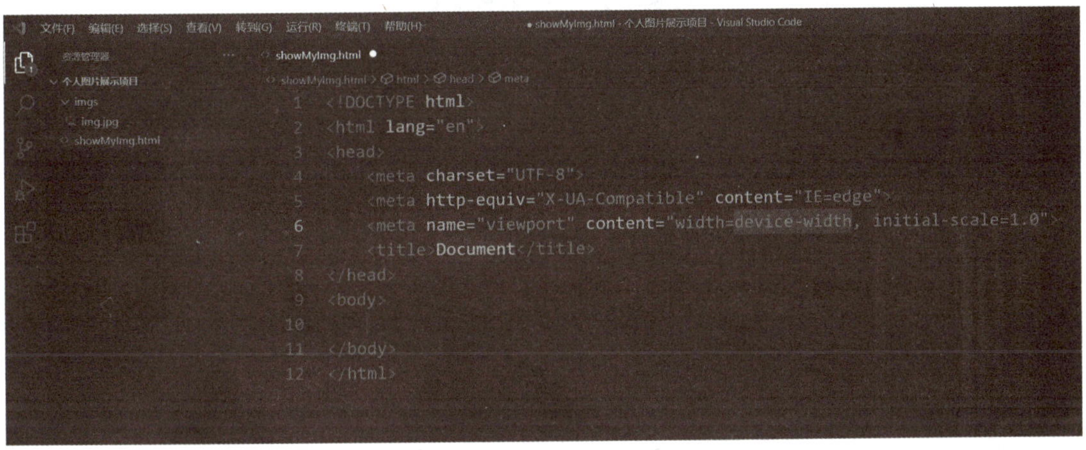

图 1-21 HTML 框架模板

(2)在网页中添加标题和图片,就可以开始写代码了,先设置网站的标签,在 title 标签输入"个人图片展示",然后使用 h1 标签来展示图片名称。使用 <img> 标签来展示 img.jpg 图片,其中设置图片宽度为 600px、高度为 400px,如图 1-22 所示。

```
<h1>海天一色</h1>
<img src="imgs/img.jpg"
    width="600px" height="400px" alt="海天一色图片">
```

图 1-22 图片标签项目代码

至此,项目完成,项目运行结果如图 1-23 所示。

图 1-23　项目运行结果

小结

本项目通过完成个人图片展示项目介绍了以下内容：
（1）HTML 的产生和发展历史；
（2）HTML 的基本使用；
（3）Visual Studio Code 软件的安装使用；
（4）项目的搭建。

通过本项目内容的学习，能够让读者对 HTML 有一定的认识和了解，能完成 HTML 语法的基础使用以及项目在 Visual Studio Code 软件中的搭建。在学习 HTML 时希望读者能够多做多练，这样才能更好地掌握 HTML 的基础知识。

练习题

请读者根据本次项目案例，完成自己个人图片的展示。

项目 2

春节简介网页制作

2.1 项目导入

小彭同学想利用自己所学的 HTML 知识,设计制作一个简单的春节简介网页,让更多的人了解我们的传统节日。具体实现的效果如图 2-1 所示。

图 2-1 项目效果展示

2.2 学习目标

2.2.1 职业能力
- 掌握扎实的计算机专业基础知识；
- 培养良好的学习能力；
- 培养优秀的动手实践能力。

2.2.2 知识目标
- 掌握段落标签的使用方法；
- 掌握 HTML 的文本格式化；
- 掌握超链接标签的使用方法；
- 掌握 target 属性的使用；
- 掌握边框常用属性的使用。

2.2.3 职业素养
- 践行社会主义核心价值观，充分学习技能，为社会发展做出贡献；
- 诚信待人，在学习工作中虚心请教；
- 热爱工作，为实现中华民族伟大复兴中国梦贡献自己的力量。

2.3 相关知识

2.3.1 段落标签的使用

段落标签是 HTML 中常见的标签之一。它用来定义一个段落，因而通常用于文本内容的展示。段落是通过 <p> 标签定义的。<p> 标签和其他标签一样，可以被应用任何的 CSS 属性（如字体、颜色、背景等）。

可以按如下语法格式使用 <p> 标签：

```
<p>这是一个段落的文本内容</p>
```

以上代码在浏览器渲染后效果如图 2-2 所示。

这是一个段落的文本内容

图 2-2 运行效果

需要注意的是，<p> 标签是一个"块级元素"标签。"块级元素"标签会占据其父元素（容器）的整个水平空间，垂直空间等于其内容高度。所以，每使用一个 <p> 标签都会占据父元素的一行，具体示例代码如下：

```
<p> 这是第一个段落。</p>
<p> 这是第二个段落。</p>
<p> 这是第三个段落。</p>
```

示例效果如图 2-3 所示。

图 2-3　段落标签运行效果

如果希望在 <p> 标签中的文字内容进行换行，可以在需要换行的位置使用
 换行标签来控制段落文本的换行，示例代码如下：

```
<p> 这个段落实现了 <br> 换行的效果 </p>
```

示例效果如图 2-4 所示。

图 2-4　段落换行效果

2.3.2　文本格式化

HTML 文本格式化是一种 HTML 标记，用于调整文本的外观和表现。它使开发人员能够使用标记语言控制文本的颜色、字体、大小、粗细、对齐方式和更多其他附加样式。

接下来介绍常用的文本格式化标签，以下是标签含义：

<b> </b>：这种标签会使文本变粗；
<i> </i>：这种标签会使文本显示为斜体；
<u> </u>：这种标签会使文本添加下划线；
：这种标签会使文本显示为上标；
：这种标签会使文本显示为下标。

以下是示例代码：

```
<b> 这种标签会使文本变粗 </b><br>
<i> 这种标签会使文本斜体 </i><br>
<u> 这种标签会使文本下划线 </u><br>
这是 <sub> 下标 </sub> 和 <sup> 上标 </sup><br>
```

浏览器渲染后效果如图 2-5 所示。

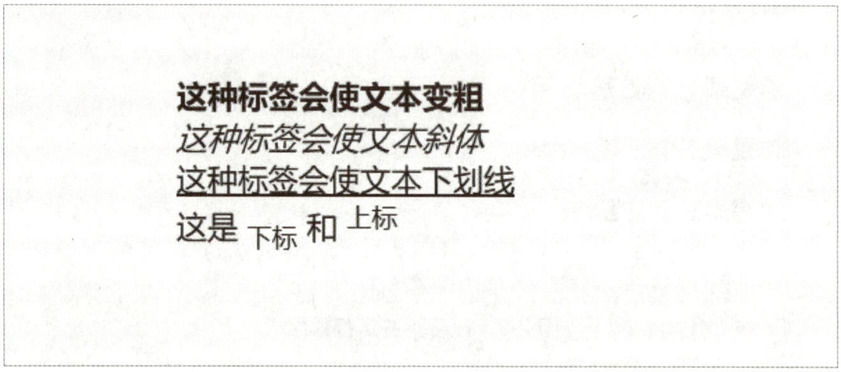

图 2-5　运行效果

文体格式化标签可以进行嵌套实现组合叠加效果。例如，可以在"加粗标签"中嵌套"斜体标签"，这样文本内容就会呈现粗体倾斜的效果。以下代码为部分组合示例：

```
<b><i> 加粗斜体文本 </i></b><br><br>
这是 <sub><b><i> 斜体加粗下标 </i></b></sub><br>
这是 <sup><i> 斜体上标 </i></sup>
```

浏览器渲染后效果如图 2-6 所示。

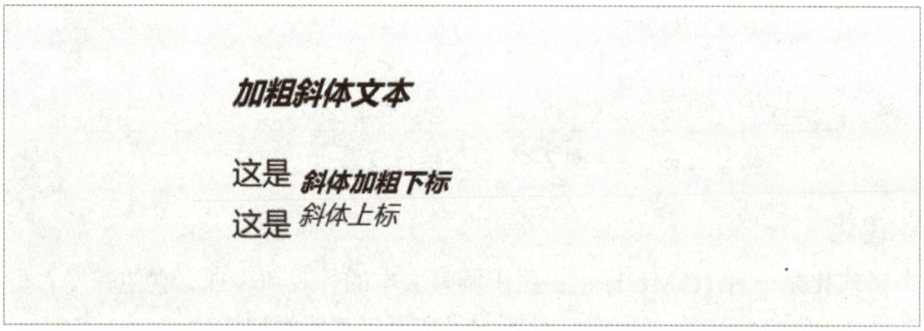

图 2-6　文本格式化标签组合效果

可以在 <p> 标签内修饰文字，比如：

```
<p><b> 粗体文字 </b></p>
```

也可以直接在 <p> 标签中添加 CSS 样式设置字体大小（此部分具体内容在项目 5 详细介绍，可以暂时忽略），示例代码如下：

```
<p style="font-size:14px; ">
    这是 14 像素大小的段落文本
</p>
<p style="font-size:30px; ">
    这是 30 像素大小的段落文本
</p>
```

示例效果如图 2-7 所示。

图 2-7　像素案例运行效果

2.3.3　链接标签的使用

HTML 使用超链接与网络上的另一个文档相连。超链接是指通过嵌入网页内容,让用户能方便地、自然地访问到某个网站。它可以将一个网站的内容快速带给另一个网站。在某种意义上,超链接是"一种表示文本、图像和声音信息之间相互关联的技术"。

HTML 超链接标签用于创建链接,可以在网页中建立一个指向另一个网页、图片或其他资源的链接,以实现网页间的跳转和连接。在网页源代码中,使用 <a> 标签来定义超链接,href 属性用于定义链接的指向,target 属性用于定义点击链接后链接将在何处打开(如新页面、当前页面的新框架等)。<a> 标签可以链接的是一个字、一个词,或者一组词,也可以是一幅图像,可以单击这些内容来跳转到新的文档或者当前文档中的某个部分。其简单用法如下:

```
<a href="url">链接文本</a>
```

href 属性描述了链接的跳转目标。假如想实现在网页中单击跳转百度搜索网页的功能,那么可以参照上面的用法进行如下实现:

```
<a href="https://www.baidu.com">点击跳转百度</a>
```

<a> 标签除了常用的 href 属性之外,还有一个 target 属性。

target 属性用于定义单击链接后,浏览器以什么方式将超链接的目标资源加载打开。例如,超链接的默认打开方式就是在浏览器窗口的当前标签页上打开超链接的目标资源,这实质就是 target 属性的属性值的默认值 _self 的效果,示例代码如下:

```
<a    href="https://www.baidu.com"    target="_self">
                点击跳转百度
</a>
```

在浏览器中单击"点击跳转百度"超链接后,百度搜索页面就会在当前页面展示,浏览器效果如

图 2-8 和图 2-9 所示。

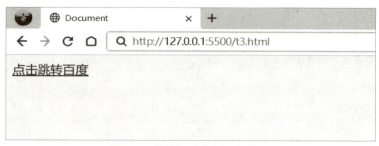

图 2-8　链接标签案例运行效果

图 2-9　点击后跳转百度页面

也可以把 target 属性设置成 _blank，在这种情况下，超链接的目标资源会在浏览器的一个新的标签卡中打开。

以下为使用 target="_blank" 属性设置超链接的代码示例：

```
<a href="https://www.baidu.com" target="_blank">
                    点击跳转百度</a>
```

单击上例中的超链接，跳转效果如图 2-10 所示。

图 2-10　新的标签页打开百度网站

2.4 项目实施

掌握了以上的知识点后，就可以开始完成春节简介页面的制作了。

（1）创建项目工程文件夹。创建项目文件的具体步骤和项目 1 中的步骤是一样的，因此不再赘述。

首先创建一个名称为“春节简介网页制作”的文件夹作为项目文件夹，同时把需要用到的资源 new.gif 图片放入项目文件夹根目录下。然后创建一个名称为 NewYear.html 的 HTML 文件。项目文件结构如图 2-11 所示。

视频

春节简介网页制作

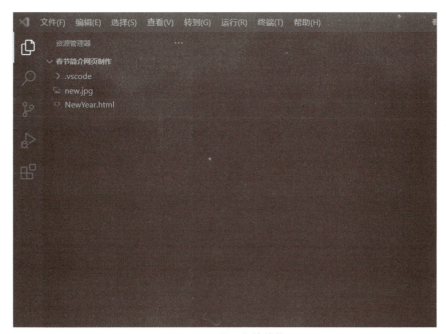

图 2-11　项目文件结构

同样需要在 NewYear.html 文件中生成 HTML 的基本框架模板，如图 2-12 所示。

```
NewYear.html ×
NewYear.html > html > head > meta
<!DOCTYPE html>
<html lang="en">
<head>
    <meta charset="UTF-8">
    <meta http-equiv="X-UA-Compatible" content="IE=edge">
    <meta name="viewport" content="width=device-width, initial-scale=1.0">
    <title>Document</title>
</head>
<body>

</body>
</html>
```

图 2-12　HTML 框架模板

（2）设置标题和图片。使用 <h1> 标签来展示文章的标题，设置字体颜色为红色。使用 <img> 标签来展示图片并设置图片的长和宽（此部分使用了样式表，具体内容会在项目 5 中介绍，可以暂时忽略），具体示例代码如下：

```
<h1 style="color: red;">春节简介</h1>
<img src="new.jpg" alt="大吉大利图片"
        style="width: 800px;height: 500px;">
```

浏览器渲染后效果如图 2-13 所示。

图 2-13　项目效果

（3）添加春节相关内容超链接，用 <h5> 嵌套 <a> 来定义"更多春节相关"这个主题，让用户可以通过超链接查看更多春节相关内容。注意：这里 <a> 标签的 target 属性是设置成 _blank 的，所以会在新的窗口打开展示百度搜索引擎的网站。示例代码如下：

```
<h5>
    <a href=http://www.baidu.com/
        target="_blank">更多春节相关</a>
</h5>
```

浏览器渲染效果如图 2-14 所示。

项目 2　春节简介网页制作

图 2-14　单击可跳转百度网

（4）增加春节介绍内容。最后使用两对 <p> 标签来完成对春节介绍的内容，到此，项目完成。

```
<body>
    <h1 style="color: red;">春节简介 </h1>
    <img src="new.jpg" alt=" 大吉大利图片 " style="width: 800px;height: 500px;">
    <h5><a href="http://www.baidu.com/" target="_blank">更多春节相关 </a></h5>
    <p style="width: 800px;">
        春节是中国民间传统节日，新年指夏历（农历）正月初一，是一年中最隆重的节日。汉、壮、布依、侗、朝鲜、佤佬、瑶、畲、京、达斡尔等民族都过这个节日。春节历史悠久，起源于殷商时期年头岁尾的祭神活动。有关传说很多，其中以"年"兽传说、熬年传说和万年创建历法说等最具代表性。自汉武帝改用农历以后，中国历代都以二十四节气中的立春日为春节，农历正月初一为新年。立春最早是祭天、祭农神和祭春神、鞭春牛、祈丰年的日子。《史记》、《汉书》称正月初一为"四始"（岁之始、时之始、日之始、月之始）和"三朝"（岁之朝、月之朝、日之朝，朝亦始也）。古人常在此时举行朝贺，进行各种娱乐活动，迎神祭祖，占卜气候，祈求丰收，后来逐渐形成内容丰富的新春佳节。辛亥革命之后，改农历正月初一为春节，立春逐渐淡化。
    </p>
    <p style="width: 800px;">
        春节又叫阴历（农历）年，俗称"过年"，相关民俗活动要持续一个月。正月初一前有祭灶、祭祖等仪式；节中有给儿童压岁钱、向亲友拜年等习俗；节后半月又是元宵节，其时花灯满城，游人满街。元宵节过后，春节才算结束。春节是一种综合性的民俗文化，其中包括崇尚、仪式、节日装饰、饮食和相关的娱乐活动。春节期间的主要活动有：腊月初八喝腊八粥；二十三日祭灶，吃关东糖和糖粥等；除夕夜以家庭为单位包饺子、包汤圆、做年糕，吃团圆饭守岁，另外还贴春联、年画、剪纸和放爆竹；正月初一迎神、拜年；初五开小市；十五日元宵节开大市、迎财神、吃元宵、游灯会、猜灯谜等。燃放鞭炮是春节期间辞旧迎新的一项民俗活动。
    </p>
```

```
</body>
```

最终的项目在浏览器打开渲染的效果如图 2-15 所示。

图 2-15　项目最终效果

小结

在本项目中通过新闻网页制作介绍了以下相关知识内容：
（1）段落标签的基本使用；
（2）网页文本格式化的基本使用；
（3）链接标签的使用和基本属性的用法。

通过本项目的学习，相信读者对以上内容有一定程度的掌握。需要注意的是，网页文本格式化和链接标签的内容比较多，本项目主要介绍了常见的基本用法。

项目 2　春节简介网页制作

练习题

中国的传统节日还有很多，请根据所学知识完成一个传统节日介绍页面，内容根据节日的情况补充完成。示例如图 2-16 所示。

图 2-16　练习题示例

项目 3 网页计划表制作

3.1 项目导入

小彭同学想做一个工作计划，于是他想利用现在学的 HTML 知识，制作一个"网页版"周末计划表，这样可以在回顾 HTML 知识的同时，也方便自己查看每个时段要做的事情。"网页版"计划表效果如图 3-1 所示。

星期/时间	01 9:30-10:20	02 10:20-11:10	03 11:10-12:00	12:00-12:40	04 12:40-1:30	05 1:30-2:20	06 2:20-3:10	07 3:10-4:00
				周末计划表				
星期六	学习HTML	学习CSS	学习JS	中午休息时间	运动时间 • 跳绳 • 打球 • 游泳		学习HTML	学习CSS
星期天	学习VUE	1. 购买文具 2. 购买图书 3. 购买零食			学习VUE	学习PHP	学习PS	学习JS

图 3-1 项目效果

3.2 学习目标

3.2.1 职业能力

- 掌握扎实的计算机专业基础知识；
- 培养良好的学习能力；

- 培养优秀的动手实践能力。

3.2.2 知识目标

- 掌握表格标签的使用方法；
- 掌握列表标签的使用方法；
- 掌握表格的跨行和跨列；
- 掌握表格标签和列表标签的嵌套；
- 掌握边框常用属性的使用。

3.2.3 职业素养

- 践行社会主义核心价值观，充分学习技能，为社会发展做出贡献；
- 诚信待人，在学习工作中虚心请教；
- 热爱工作，为实现中华民族伟大复兴中国梦贡献自己的力量。

3.3 相关知识

3.3.1 表格标签的使用

表格是用一种结构化的方式来组织数据，用来在 HTML 中显示复杂的数据。早期也使用表格标签来给网页进行布局设计。在 HTML 中表格由 <table> 标签来定义。表格由 1 到 N 行组成（由 <tr> 标签定义行），每行可以由 1 到 N 个单元格（列）组成（由 <td> 标签定义单元格）。td 指表格数据（table data），即数据单元格的内容。在表格数据单元格中可以嵌套包含文本、图片、列表、段落、表单、水平线、表格等。

下面详细介绍表格相关标签的使用。

1. HTML 表格及相关标签基础介绍

<table> 标签：<table> 标签用于定义表格，它可以包含 <tr> 和 <td> 等标签。<table> 标签具有多个属性，如属性 border、cellspacing 等经常用于控制表格布局。

<tr> 标签：<tr> 标签用于定义 HTML 表格中的行，每行可以由多个 <td> 组成，<tr> 标签也有多个属性可以设置，例如常用 align 属性来定义行的对齐方式。

<td> 标签：<td> 标签用于定义表格单元格，每一个表格行可以有多个 <td> 标签，用来显示具体的数据内容。<td> 标签也提供多个属性，常使用 rowspan 和 colspan 属性来定义单元格的行列跨度。

2. HTML 表格标签使用方法

经过前面的表格标签介绍，对表格标签有了一定的认识，接下来介绍这些标签的具体用法。以下代码为一个基础表格示例：

```
<h4>表格的基本用法：</h4>
<table border="1">
  <tr>
    <td>单元格数据</td>
  </tr>
```

```
</table>
```

首先使用 <table> 标签表示表格的开始和结束，注意这里添加的 border 属性是为了让最后的运行效果有表格的边框，方便查看生成后的表格。在 <table> 标签内部，使用 <tr> 标签来定义表格的行，一对 <tr> 标签表示一行。表格的列可以看作对行的纵向切割，形成一个个表格的单元格。使用 <td> 来定义表格的单元格。以上的示例代码浏览器渲染后效果如图 3-2 所示。

图 3-2　表格最基本用法

上例中的表格是一个 1 行 1 列的表格，下面制作一些其他表格，示例代码如下：

```
<h4>一行三列：</h4>
<table border="1">
  <tr>
    <td>test1</td>
    <td>test2</td>
    <td>test3</td>
  </tr>
</table>
<h4>两行三列：</h4>
<table border="1">
  <tr>
    <td>test1</td>
    <td>test2</td>
    <td>test3</td>
  </tr>
  <tr>
    <td>test4</td>
    <td>test5</td>
    <td>test6</td>
  </tr>
</table>
```

示例效果如图 3-3 所示。

图 3-3　案例运行效果

3. HTML 表格的跨行跨列

在使用 HTML 表格时，经常会遇到一个单元格需要横跨多列或者多行的情况，这样的表格称为不规则表格。使用 HTML 实现表格跨行、跨列的实现非常简单。只需要在 <td> 标签中添加属性 rowspan 和 colspan，就可以实现表格单元格的跨行、跨列效果。rowspan 属性用于定义单元格的行跨度（即单元格合并多少行），colspan 属性用于定义单元格的列跨度（即单元格合并多少列）。例如，如果需要定义一个跨 3 行 2 列的单元格，那么需要在 <td> 标签中添加 rowspan="3" 和 colspan="2"。下面通过示例来说明表格跨行、跨列具体使用方法。以下是示例代码：

```
<h4>单元格跨两列：</h4>
<table border="1">
  <tr>
    <td> 名字：</td>
    <td colspan="2"> 电话：</td>
  </tr>
  <tr>
    <td> 小彭同学 </td>
    <td>123 123 123</td>
    <td>456 456 456</td>
  </tr>
</table>

<h4>单元格跨两行：</h4>
<table border="1">
  <tr>
    <td> 名字：</td>
    <td> 小彭同学 </td>
  </tr>
  <tr>
    <td rowspan="2"> 电话：</td>
    <td>123 123 123</td>
```

```
        </tr>
        <tr>
            <td>456 456 456</td>
        </tr>
</table>
```

示例效果如图 3-4 所示。

图 3-4　跨行跨列效果展示

上面这个简单的电话簿示例展示了表格跨行和跨列的用法，同样的内容用了两个不同形式的表格展示了出来。第一个表格中的电话表格要横跨两列，所以需要在该表格的第一行第二列的 <td> 标签上加上 colspan="2"。第二个表格的电话表格需要纵向跨越两行，所以需要在第二行第一列的 <td> 标签上加上 rowspan="2"。

3.3.2　列表标签的使用

网页中的导航菜单、文章标题列表和图片列表等都离不开 HTML 中一个重要的元素，那就是 HTML 列表。在 HTML 中列表有三种，分别是无序列表、有序列表和定义列表。其中无序列表和有序列表应用最为广泛。下面通过示例来介绍 HTML 列表中的无序列表和有序列表。

1. 无序列表的使用

无序列表是使用粗体圆点（典型的小黑圆圈）标记每个列表项。无序列表始于 <ul> 标签。每个列表项用 <li> 标签定义。示例代码如下：

```
<h4>无序列表:</h4>
<ul>
    <li>咖啡 </li>
    <li>茶 </li>
    <li>牛奶 </li>
</ul>
```

以上示例代码浏览器渲染后效果如图 3-5 所示。

图 3-5 无序列表运行效果

2. 有序列表的使用

有序列表是使用数字标记每个列表项。有序列表始于 <ol> 标签。每个列表项用 <li> 标签定义。当然，可以在自定义列表项上设置开始的数值，只需要在 <ol> 标签上加 start 属性即可。示例代码如下：

```
<ol>
   <li> 咖啡 </li>
   <li> 茶 </li>
   <li> 牛奶 </li>
</ol>
<ol start="100">
   <li> 咖啡 </li>
   <li> 茶 </li>
   <li> 牛奶 </li>
</ol>
```

以上代码浏览器渲染后示例效果如图 3-6 所示。

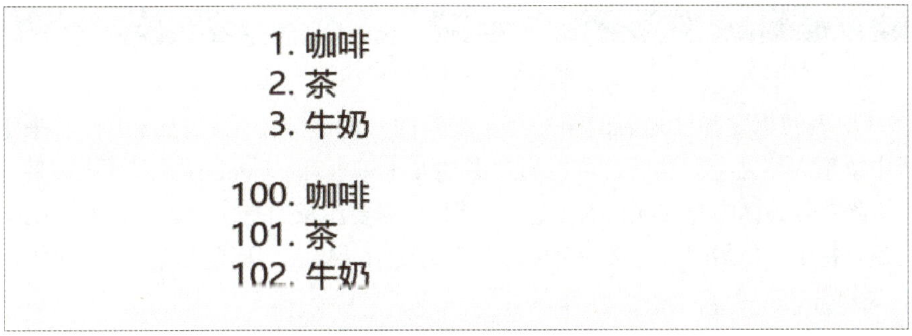

图 3-6 有序列表运行效果

3.4 项目实施

（1）分析项目并创建项目结构。在项目实现前，先来分析一下计划表的结构，如图 3-7 所示。

Web 前端技术基础

· 视频
网页计划表

周末计划表								
星期/时间	01 9:30-10:20	02 10:20-11:10	03 11:10-12:00	12:00-12:40	04 12:40-1:30	05 1:30-2:20	06 2:20-3:10	07 3:10-4:00
星期六	学习HTML	学习CSS	学习JS	中午休息时间	运动时间 • 跳绳 • 打球 • 游泳		学习HTML	学习CSS
星期天	学习VUE	1. 购买文具 2. 购买图书 3. 购买零食			学习VUE	学习PHP	学习PS	学习JS

图 3-7　分析表结构

从图 3-7 中可以分析出，这个周末计划表是一个 3 行 9 列的表格。其中第 2 行第 5 列的单元格需要向下跨越 2 行，第 2 行第 6 列的单元格需要横跨两列，第 3 行第 3 列的单元格需要横跨两列。

进过分析后便可以开始写代码了。同样，需要先创建项目工程文件夹和相应 HTML 文件。这里创建了"网页计划表制作"项目工程文件夹和 sked.html 文件。项目文件目录结构如图 3-8 所示。

图 3-8　项目文件目录

（2）制作计划表的标题和计划表的第一行。表格的标题一般使用 <caption> 标签来定义，通常这个标题会被居中放于表格之上。当然，可以通过添加 text-align 和 caption-side 属性来设置标题的对齐方式和显示位置（此部分具体内容在项目 5 中进行介绍）。需要注意的是，<caption> 标签必须直接放置到 <table> 标签之后。每个表格最好只定义一个标题。下面展示计划表格标题和第一行表格的示例代码：

```html
<table  border="2" bordercolor="black" align="center">
  <caption>周末计划表</caption>
  <tr align="center">
    <td  height="50" width="100">
      <b>星期/时间</b>
    </td>
    <td  height="50" width="100">
      <b>01<br>9:30-10:20</b>
    </td>
```

```
    <td  height="50" width="100">
      <b>02<br>10:20-11:10</b>
    </td>
    <td  height="50" width="100">
      <b>03<br>11:10-12:00</b>
    </td>
    <td  height="50" width="100">
      <b> 12:00-12:40</b>
    </td>
    <td  height="50" width="100">
      <b>04<br>12:40-1:30</b>
    </td>
    <td  height="50" width="100">
      <b>05<br>1:30-2:20</b>
    </td>
    <td  height="50" width="100">
       <b>06<br>2:20-3:10</b>
    </td>
    <td  height="50" width="100">
        <b>07<br>3:10-4:00</b>
    </td>
  </tr>
</table>
```

以上代码在浏览器渲染后的效果如图 3-9 所示。

周末计划表

星期/时间	**01 9:30-10:20**	**02 10:20- 11:10**	**03 11:10- 12:00**	**12:00- 12:40**	**04 12:40-1:30**	**05 1:30-2:20**	**06 2:20-3:10**	**07 3:10-4:00**

图 3-9　第一行效果

<table> 标签的 border 属性是为了显示表格的边框，bordercolor 属性是设置边框的颜色，align="center" 属性是为了能让表格在网页中居中显示，此处给每个 <tr> 标签设置了 align="center" 属性，其目的是让行内的文字居中。给每个 <td> 标签设置了宽度和高度，并且使用 <b> 标签来给文字进行加粗。这为了使表格更加美观，可以给 <table> 标签加上 cellspacing="0" 的属性。cellspacing 属性规定单元格之间的空间。这里将其设置为 0，即单元格之间没有间距。

下面在 <table> 标签加上 cellspacing="0" 的属性，示例代码如下：

```
<table  border="2"  bordercolor="black"
    cellspacing="0"  align="center">
```

以上代码浏览器渲染后的效果如图 3-10 所示。

Web 前端技术基础

周末计划表								
星期/时间	01 9:30-10:20	02 10:20-11:10	03 11:10-12:00	12:00-12:40	04 12:40-1:30	05 1:30-2:20	06 2:20-3:10	07 3:10-4:00

图 3-10 设置 cellspacing 属性的表格

（3）制作计划表的第二行，也就是星期六所要安排的计划内容。使用 <tr> 标签来定义第二行，在表格的第 5 列和第 6 列分别在 <td> 上加上 rowspan="2" 和 colspan="2" 属性，实现"中午休息时间"单元格的跨两行和"运动时间"单元格的跨两列。示例代码如下：

```html
<tr align="center">
  <td height="50"> <b>星期六</b></td>
  <td height="50">学习 HTML</td>
  <td height="50">学习 CSS</td>
  <td height="50">学习 JS</td>
  <td rowspan="2" height="50">
    <h2> 中 <br> 午 <br> 休 <br> 息 <br> 时 <br> 间 </h2>
  </td>
  <td colspan="2" height="50" >
    运动时间
    <ul style="width: 70px;">
      <li> 跳绳 </li>
      <li> 打球 </li>
      <li> 游泳 </li>
    </ul>
  </td>
  <td height="50">学习 HTML</td>
  <td height="50">学习 CSS</td>
</tr>
```

以上代码浏览器渲染后的效果如图 3-11 所示。

周末计划表								
星期/时间	01 9:30-10:20	02 10:20-11:10	03 11:10-12:00	12:00-12:40	04 12:40-1:30	05 1:30-2:20	06 2:20-3:10	07 3:10-4:00
星期六	学习HTML	学习CSS	学习JS	中午休息时间	运动时间 • 跳绳 • 打球 • 游泳		学习HTML	学习CSS

图 3-11 第二行效果

（4）制作计划表的第三行。同样使用 <tr> 标签来定义第三行，在第 3 行第 3 列给 <td> 标签加上 colspan="2" 属性以实现跨两列。到此，项目完成。示例代码如下：

```
<tr  align="center">
  <td  height="50"> <b>星期天 </b> </td>
  <td  height="50">学习 VUE</td>
  <td  colspan="2"  height="50">
    <ol style="width: 70px;">
      <li> 购买文具 </li>
      <li> 购买图书 </li>
      <li> 购买零食 </li>
    </ol>
  </td>
  <td  height="50">学习 VUE</td>
  <td  height="50">学习 PHP</td>
  <td  height="50">学习 PS</td>
  <td  height="50">学习 JS</td>
</tr>
```

以上代码在浏览器渲染后的效果如图 3-12 所示。

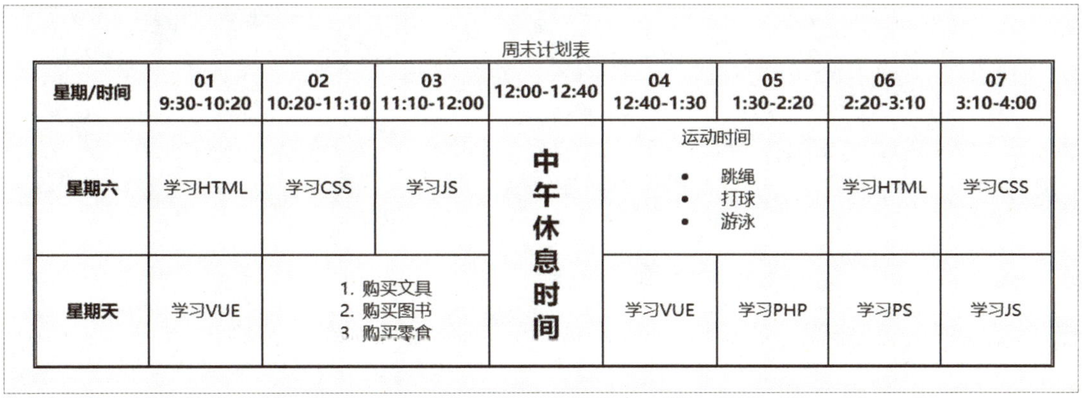

图 3-12　计划表最终效果

小结

本项目通过完成网页计划表制作，介绍了以下相关内容：
（1）表格标签的基本使用；
（2）列表标签的基本使用。
通过本项目的学习，相信读者对表格标签和列表标签的使用有了一定程度的掌握。表格标签和列表标签在网页中会经常用到，有时也会使用表格标签来对网页进行布局，因此需掌握其用法。

练习题

请根据本项目所学知识完成一个计划表,表的形式和内容不做限制。请根据自己的情况补充完成,示例如图 3-13 所示。

星期/时间	01 9:30-10:20	02 10:20-11:10	03 11:10-12:00	12:00-12:40	04 12:40-1:30	05 1:30-2:20	06 2:20-3:10	07 3:10-4:00
				周末计划表				
星期六	学习HTML	学习CSS	学习JS	中午休息时间	运动时间 • 跳绳 • 打球 • 游泳		学习HTML	学习CSS
星期天	学习VUE	1. 购买文具 2. 购买图书 3. 购买零食		中午休息时间	学习VUE	学习PHP	学习PS	学习JS

图 3-13　练习题示例

项目 4

注册页面制作

4.1 项目导入

小彭同学看到网站的注册页面很漂亮,于是想自己也制作一个。小彭同学考虑到还没有学习样式表的相关内容,于是找了一个简单的注册网页作为示例。其页面效果如图 4-1 所示。

图 4-1 项目效果页

4.2 学习目标

4.2.1 职业能力

- 掌握扎实的计算机专业基础知识;
- 培养良好的学习能力;
- 培养优秀的动手实践能力。

4.2.2 知识目标

- 掌握 `<div>` 标签的使用方法；
- 掌握表单标签的使用方法；
- 掌握 `<div>` 标签网页的布局；
- 掌握表单标签的组合使用；
- 掌握边框常用属性的使用。

4.2.3 职业素养

- 践行社会主义核心价值观，充分学习技能，为社会发展做出贡献；
- 诚信待人，在学习工作中虚心请教；
- 热爱工作，为实现中华民族伟大复兴中国梦贡献自己的力量。

4.3 相关知识

4.3.1 `<div>` 标签的使用

`<div>` 标签是 HTML 中的一个通用容器标签，用于定义一个区域或一个部分。它本身不影响内容或布局，只是用于将 HTML 元素分组，以便可以应用样式或布局模型。可以使用 CSS 来设置 `<div>` 标签的样式，如颜色、边框、背景、对齐等。

`<div>` 标签的使用方法很简单，只需要在开始和结束处加上 `<div>` 和 `</div>` 即可。可以在 `<div>` 标签内部放置任何流内容，如文本、图片、链接、表格等。需要注意的是，`<div>` 是一个块级元素，默认情况下，浏览器通常会在 `<div>` 元素前后放置一个换行符，这意味着每个 `<div>` 的内容自动地开始一个新行。

下面来展示 `<div>` 标签的一些用法。示例代码如下：

```
<div> 文本 </div>
<div><img src="" alt=""> 图片 </div>
<div><a> 超链接 </a></div>
```

以上代码在浏览器渲染后的效果如图 4-2 所示。

图 4-2 div 代码效果

在上例中，并没有看到 `<div>` 元素，这是因为 `<div>` 标签默认是没有边框的，所以一般情况下，在使用 `<div>` 标签的时候会使用 CSS 样式来给 `<div>` 添加边框。下面的代码示例中就是用这样的方式来展示带边框的 `<div>` 标签，具体的写法不必现在就了解，详细内容会在后续项目介绍。以下代码是

用边框修饰后的 <div>：

```
<div style="border: 5px orange solid;">
  <h3> 这是第一个 div 元素中的标题。</h3>
  <p> 这是第一个 div 元素中的文本。</p>
</div>
<div style="border: 5px blue dotted;">
  <h3> 这是第二个 div 元素中的标题。</h3>
  <p> 这是第二个 div 元素中的文本。</p>
</div>
```

以上代码在浏览器渲染后的效果如图 4-3 所示。

图 4-3　不同边框效果

在这个示例中，使用了两个 <div> 标签来划分两个区域，可以看到 <div> 标签是块级标签，每个 <div> 标签的开始都是从行的一行开始的。这里为了显示 <div> 的边框，设置了 <div> 的边框属性分别为橘红色的实线和蓝色的点状边框。

4.3.2　<form> 表单标签的使用

HTML 表单是网页与用户交互的工具，表单中包含了很多交互控件，主要用于搜集用户的数据信息。因此，HTML 表单是 HTML 标签中比较重要的一部分。

HTML 表单使用 <form> 标签来定义表单元素的区域，表单区域内有多种类型的输入元素标签。HTML 输入元素用于在表单中接收用户数据的交互控件。HTML 有多种类型的输入元素，如文本框、单选按钮、复选框、密码框、文件上传等。每种类型的输入元素都有自己的属性和用法。

<input> 标签是表单标签中比较重要的一个表单元素。<input> 标签有很多种形态，根据 type 属性来定义其不同的类型。

1. 文本框

当 <input> 标签的 type 属性值设置成 text 的时候，<input> 标签就被定义成了文本框，用来收集用户输入的字母、数字、文本。下面通过示例来展示文本框的用法，示例代码如下：

```
<form>
  姓名 :<br>
  <input type="text" name=" 姓名 ">
  <br>
  电话号码 :<br>
```

```
    <input type="text" name="电话号码">
</form>
```

以上示例代码在浏览器渲染后的效果如图4-4所示。

图4-4　文本框效果

这样就可以让用户输入相应的信息了。需要注意的是，表单本身是不可见的，同时请注意文本字段的默认宽度是20字符。

2. 密码框

有的时候表单需要收集用户的密码，就需要用到密码框。密码框在显示效果上与文本框是一致的，主要区别就是在密码框中输入的内容会以"*"显示，从而增强保密性和安全性。下面通过一个具体示例来演示密码框的使用，示例代码如下：

```
<form>
    用户密码：<input type="password" name="pwd">
</form>
```

以上示例代码在浏览器渲染后的效果如图4-5所示。

图4-5　密码框架效果

3. 单选按钮

有时在收集用户信息时，需要收集用户的性别。如果让用户自己输入，可能存在用户输入其他不合规字符的情况。为了避免这样的情况，也为了方便用户信息的录入，可以使用单选按钮来收集这一类型信息。下面通过示例代码来演示单选按钮的使用：

```
<form action="">
    <input type="radio" name="sex"
           value="male">男 <br>
    <input type="radio" name="sex"
           value="female">女
</form>
```

以上代码在浏览器渲染后的效果如图4-6所示。

图 4-6 性别单选按钮

当选中其中一个时，单选按钮的空心圆就里就会有一个实心圆表示选中状态。需要注意的是，同一组单选按钮的 name 属性值必须相同。例如，上例中两个单选按钮是一组，所以它们的 name 属性值都是 sex，如果 name 属性值不一致，就会出现用户性别"男"和"女"都能被选中的情况。单选按钮的 value 属性值表示的是单选按钮被选中时提交给服务器的数据值，此属性在单选按钮中必须设置。在上述例子中，如果选中"男"单选按钮，那么提交表单时，服务器端将接收到 male 的数据。

另外，可以在单选按钮上设置 checked 属性，用于设置单选按钮默认被选中项（所谓的默认选中项就是浏览器加载页面后就已经被选中的单选按钮，同一组单选按钮只能设置一个默认选中项）。

在 HTML5 规范中，checked 属性值可以省略，所以下面两段示例代码的效果是相同的。

```
<h4>在单选按钮上添加 checked="checked" 演示效果：</h4>
<input type="radio" name="example1" value="male" checked="checked"> 男 <br>
<input type="radio" name="example1" value="female"> 女 <br><hr>
<h4>在单选按钮上添加 checked 演示效果：</h4>
<input type="radio" name="example2" value="male" checked> 男 <br>
<input type="radio" name="example2" value="female"> 女 <br>
<h4>结论：两种写法效果是相同的</h4>
```

以上代码在浏览器上渲染后的显示效果如图 4-7 所示。

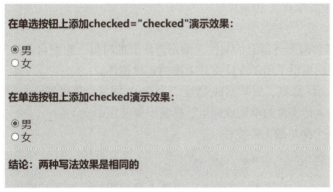

图 4-7 默认选中的单选按钮

4. 复选框

复选框也是表单中比较常用的交互控件，它可以让用户实现多项的选择。例如，收集用户的爱好信息，在已经提供的多个备选项中，用户可能同时会具有几种爱好，此时就可以使用复选框进行这类数据的收集。复选框通常显示为一个正方形的框，如果被选中则在正方形中显示一个"√"（不同的浏览器在选中状态上有不同的实现）。在 HTML 中定义一个复选框，可以使用 <input type="checkbox">

标签。复选框除了 type 属性之外，还有 name、value、checked 等属性，可以用来对复选框进行设置。下面通过示例代码来演示复选框的使用：

```
<form>
    <p>请选择你的爱好：</p>
    <input    type="checkbox"
        name="hobby" value="music">音乐
    <input    type="checkbox"
        name="hobby" value="movie">电影
    <input    type="checkbox"
        name="hobby" value="sport">运动
    <input type="checkbox"
        name="hobby" value="reading">阅读
</form>
```

以上代码在浏览器渲染后的效果如图 4-8 所示。

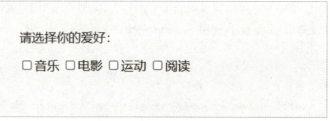

图 4-8　兴趣复选框

从上面的示例中可以发现，复选框和单选按钮的使用非常相似，也需要保证同一组复选框的 name 属性值一致。复选框也必须设置 value 属性值，保证用户的选择项代表的数据能够提交到服务器端。checked 属性也是用于设置默认选中项。

5. 文件上传

在网页中，经常需要向服务器上传文件，如用户注册的时候，想把自己的照片上传取代默认的用户头像。所以，表单专门提供了用于支持文件上传的表单控件。

上传控件也是 <input> 标签，只是 type 属性值为 file，同时必须设置 name 属性，属性值可以自定义（建议使用英文表述上传文件的单词或词组，尽量不要使用中文）。

以下代码示例为一个简单的上传控件：

```
<input    type="file"    name="upfile">
```

当然，还可以给 <input> 标签加上 multiple 属性来设置用户可以同时选择多个文件进行上传，示例代码如下：

```
<input    type="file"    name="upfile"    multiple>
```

也可使用 accept 属性来限制要上传的文件的类型，accept 属性值是以逗号间隔的文件扩展名和 MIME 类型（读者可自行了解 MIME 类型）的列表。以下是 accept 属性 的示例：

（1） accept="image/png" 或 accept=".png"：允许 PNG 文件上传；
（2） accept="image/png, image/jpeg"：允许 PNG 或 JPEG 文件上传；
（3） accept=".png, .jpg, .jpeg"：允许 png 或 jpeg 文件上传。

下面是一个完成的使用 accept 属性设置上传控件允许 jpg、jpeg、png 图片上传的示例，示例代码如下：

请选择要上传的图片：`<input type="file" name="upload" accept=".jpg, .jpeg, .png">`

以上代码在浏览器渲染后的效果如图 4-9 所示。

图 4-9　文件上传

6. 下拉列表

下拉列表是一种以列表形式显示用户可选择数据的表单交互控件，默认是单选，也可以通过 multiple 属性允许用户进行多选。下拉列表由 `<select>` 和 `<option>` 标签共同定义。在 `<select>` 标签上必须设置 name 属性，在 `<option>` 标签上设置 value 属性。如果缺少这两个设置，那么用户选择的列表项的数据将无法提交到服务器端。如果要允许用户对下拉列表进行多项选择，那么需要在 `<select>` 标签上设置 multiple 属性，属性值也是 multiple。按照 HTML5 规范，该属性值可以省略。下面通过示例代码来演示一个基础的下拉列表的定义方法：

```
<select   name="color">
    <option   value="red">红色</option>
    <option   value="green">绿色</option>
    <option   value="blue">蓝色</option>
</select>
```

以上代码在浏览器渲染的效果如图 4-10 所示。

图 4-10　颜色下拉列表

以下示例代码给下拉列表设置了允许多项选择：

```
<select name="fruit" multiple="multiple">
   <option value="apple">苹果</option>
   <option value="banana">香蕉</option>
   <option value="orange">橘子</option>
</select>
```

以上代码也可以按如下写法定义：

```
<select  name="fruit"  multiple  >
   <option value="apple">苹果</option>
   <option value="banana">香蕉</option>
   <option value="orange">橘子</option>
</select>
```

备注：用户可以按住【Ctrl】键（Windows）或【Command】键（Mac）对下拉列表进行多项选择。

以上代码在浏览器渲染后的效果如图 4-11 所示。

图 4-11　选择苹果和香蕉

7. 文本域

在表单中，文本框只能输入一行文本信息，且有最大数量的限制。但是有时候用户需要输入多行文本，所以表单提供了文本域控件，用于收集用户输入较多文本内容的数据。文本域用 <textarea> 标签来表示。<textarea> 包含起始标签和结束标签，完整写法是 <textarea></textarea>。如果需要设置文本域中默认显示的提示文本内容，则需要将提示文本内容写在两个标签中间，如 "<textarea> 提示内容 </textarea>"。此外，可以通过设置 <textarea> 标签的 cols 和 rows 属性来设置文本域的宽度和高度。当然文本域是需要 name 属性的，文本域的 name 属性是用于给文本域命名的，在提交表单时将文本域的值发送到服务器。以下代码是文本域的基础设置：

```
<textarea rows="10" cols="30" name="description">
    我是一个文本域。
</textarea>
```

以上代码在浏览器中渲染效果如图 4-12 所示。

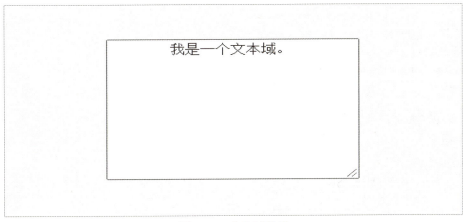

图 4-12 文本域效果

8. 提交按钮

提交按钮用于将用户在表单中填写的内容发送到服务器端。提交按钮使用 <input> 标签，type 属性值为 submit。可以通过 value 属性来设置按钮上显示的提示文本。以下代码是提交按钮的基础设置：

```
<form  action="#" >
<input  type="submit"  value="这是提交按钮">
</form>
```

以上代码在浏览器渲染后的效果如图 4-13 所示。

图 4-13 提交按钮效果

在这里还要介绍下 <form> 表单的 action 属性和 method 属性。<form> 表单的 action 属性用于设置表单数据提交到服务器端程序的地址（经常使用 URL 表示，也称统一资源定位符），在没有服务器端程序的时候，统一设置为"#"表示提交给当前网页自身，例如：<form action="#"></form>。<form> 表单的 method 属性是用来设置表单提交的方式，有 get 和 post 两种，例如：<formmethod="get"></form>。

get 和 post 是两种常用的表单提交方法。post 提交会将表单数据包含在表单体内然后发送给服务器，用于提交敏感数据，如用户名与密码等。get 是表单提交的默认提交方式，此种方式会将表单数据表附加在 action 属性的 URL 后面，在地址栏中显示处理，一般用于不敏感表单信息的提交；同时这种提交方式有数据量大小限制，如果表单中有上传空间，则不能使用此种方式提交（只能使用 post 提交）。

下面用网页中常见的登录表单作为示例，来演示 get 和 post 提交方式的不同点。

以下代码是使用 get 方式提交登录表单：

```html
<form action="demo.html" method="get">
  用户名：<input type="text" name="username"><br>
  密码：<input type="password" name="password"><br>
  <input type="submit" value=" 提交 ">
</form>
```

以上代码在浏览器渲染后的效果如图 4-14 所示。

图 4-14 提交用户名和密码

上述示例中，单击表单"提交"按钮后，注意观察浏览器地址栏，会发现用户名和密码都出现在地址栏：

```
/demo.html?username=test&password=1234
```

如果使用 post 方法，那么当单击"提交"按钮时，数据会放在请求体中，不会显示在 URL 上。服务器端可以通过读取请求体来获取数据。

4.4 项目实施

（1）创建项目结构。创建项目文件夹 project-html-04，使用 Visual Studio Code 打开项目文件夹，并在项目下创建 index.html。在 index.html 中输入"！"，利用 Visual Studio Code 的快捷方式创建 HTML 文件基本结构，项目结构如图 4-15 所示。

视频
注册页面制作

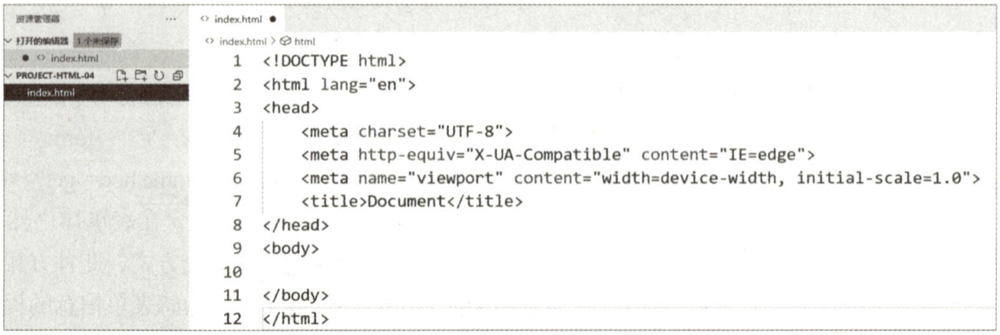

图 4-15 创建项目结构

（2）在 index.html 文件的 <body> 标签内放置一个 <div> 作为布局容器，然后在布局容器的 <div> 里再写入一个 <div> 作为放置表单的容器。通过后续项目要学习的 CSS 给这两个 <div> 设置宽度和高度，并添加背景颜色等样式，以达到美化注册网页的目的。按照以下示例代码完成，其中涉及 CSS 部分的知识点在后续项目中再详细介绍，此处可以暂时忽略。示例代码如下所示：

```
<div  style="height: 100%;
    background-image: linear-gradient(to right, #f34aed, #75ace7);">
    <div style=" width: 360px;height: 420px;
        border: 5px black solid; margin: 10% auto;">
    </div>
</div>
```

以上代码在浏览器渲染后的效果如图 4-16 所示。

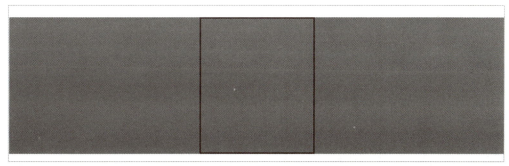

图 4-16　设置注册页面 <div> 容器

（3）完成注册表单的创建。在上述步骤创建的第二个 <div> 中添加注册表以及对应的表单项，此处可以参照之前的相关知识点进行编码，示例代码如下所示：

```
<h1>用户注册 </h1>
<form action="#" method="get">
    <p>用户姓名：<input type="text" name="uname"></p>
    <p>用户密码：<input type="password" name="upassword"></p>
    <p>
        用户性别：<input type="radio" name="gander" value="boy">男
            <input type="radio" name="gander" value="girl">女
    </p>
    <p>
        兴趣爱好：
        <input id="sing" type="checkbox" name="hobby" value="sing">
        <label for="sing">唱 </label>
        <input id="dance" type="checkbox"
                name="hobby" value="dance">
        <label for="dance">跳 </label>
        <input id="rap" type="checkbox" name="hobby" value="rap">
        <label for="rap">rap</label>
```

```
        </p>
        <p>
            用户头像:<input type="file" name="uimg">
        </p>
        <p>
            所在地址:<select name="city" >
                    <option value="qj">曲靖</option>
                    <option value="dl">大理</option>
                    <option value="km">昆明</option>
                </select>
        </p>
        <p>个人介绍:<textarea name="uinfo" ></textarea></p>
        <p>
            <input type="submit">
            <input type="reset" value="清空">
        </p>
</form>
```

以上代码在浏览器渲染后的效果如图 4-17 所示。

图 4-17 注册网页最终效果图

（4）给注册网页去除布局 <div> 的边框。为了最后网页效果的美观，需要去除上例中 <div> 元素的边框。找到代码的第二个 <div> 标签，将 border:5px black solid 修改为 border:0px black solid，保存然后刷新网页，得到如图 4-18 所示页面效果。

图 4-18 去除 <div> 边框的注册网页

项目 4　注册页面制作

小结

本项目通过讲解注册页面制作，介绍了以下内容：
（1）<div> 标签及其相关属性的使用；
（2）<form> 表单标签及相关标签的使用。

在本项目的学习过程中，希望让读者掌握 <div> 标签和 <form> 表单标签的基本使用。需要注意的是，<div> 标签需要与 CSS 样式配合，在后续的项目中，会专门介绍 DIV+CSS 网页布局的相关内容，相信读者会通过后续项目的学习进一步加深对 <div> 标签使用的认识。

练习题

请仿照本项目案例制作一个自定义的注册网页，注册网页的形式和内容不做限制。请读者自行设计完成。案例样图如图 4-19 所示。

图 4-19　练习题示例

项目 5

"某趣阁"网站注册表单制作

5.1 项目导入

小张同学今天想做一个漂亮、简洁的注册网页的用户注册表单，要求注册表单使用定义列表进行布局（考虑到小张同学是初学者），表单设计如图 5-1 所示。

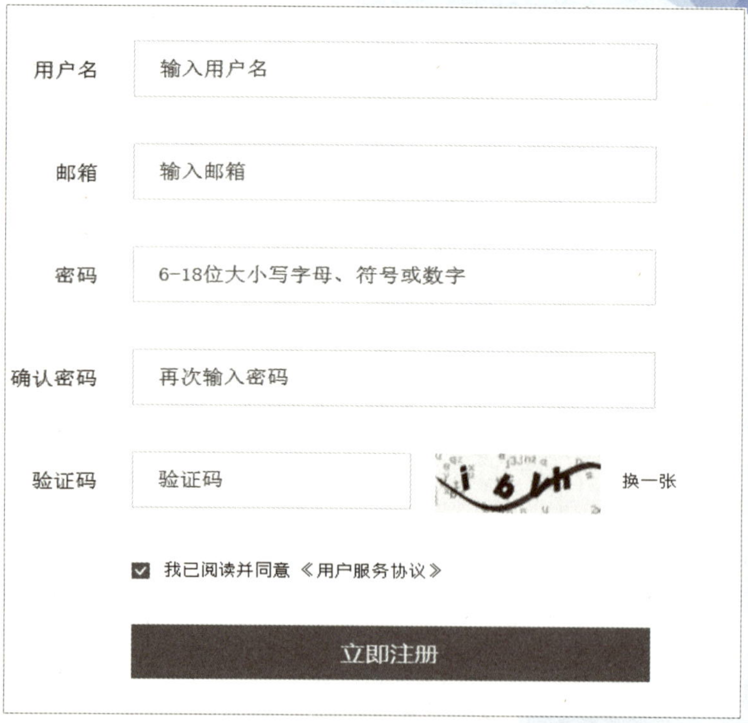

图 5-1 项目示意图

请读者为小张排忧解难，帮助小张同学完成这个"用户注册表单"的制作。

项目 5 "某趣阁"网站注册表单制作

5.2 学习目标

5.2.1 职业能力
- 掌握扎实的计算机专业基础知识;
- 培养良好的学习能力;
- 培养优秀的动手实践能力。

5.2.2 知识目标
- 掌握 CSS 的概念;
- 理解 CSS 行内样式表的使用;
- 掌握字体常用属性的使用;
- 掌握背景常用属性的使用;
- 掌握边框常用属性的使用。

5.2.3 职业素养
- 践行社会主义核心价值观,充分学习技能,为社会发展做出贡献;
- 诚信待人,在学习工作中虚心请教;
- 热爱工作,为实现中华民族伟大复兴中国梦贡献自己的力量。

5.3 相关知识

5.3.1 CSS 的相关概念

CSS(cascading style sheets,层叠样式表)是一种用来表现 HTML 文件样式的计算机语言。可以从以下几个关键词去理解 CSS 的概念。

1. 样式

样式是指事物的某种外观特征,是能被人直接感知的,并且通过样式可以对事物进行修饰和美化,从而达到更好的视觉效果,如图 5-2 和图 5-3 所示。

图 5-2 未修饰的人物

图 5-3 修饰后的人物

可以看到，图中的两个主人公因为穿了不同的衣服给人不同的感觉。

同理，如果把一个网页的内容和结构当成上图中的人物，那么人物的衣服就是样式。通过样式的添加就可以让网页变得更加美观。

2. 样式表

样式指的是某一个特征，如小张的身高 180 cm，这是身高样式；小张的体重 80 kg，这是体重样式。但是，在介绍小张时，通常会用一种带有固定格式的文字介绍小张的多个特征。

```
例如：
姓名：小张      性别：男
身高：180 cm    体重：80 kg
…
```

上述这种使用统一的模式（每个特征都是"名称：值"的形式）描述事物的多个特征组成的整体，就相当于 CSS 的样式表。可以把样式表理解成一个由多种样式构成的集合，用于描述网页中结构、内容的外观特征，从而让浏览器渲染达到美化网页外观的计算机编程语言。

3. 层叠

层叠的含义有两个方面：

第一方面指的是通过多个不同的样式表对网页的同一个元素进行多重修饰，也就是样式表的是可以重叠的。

依然用之前的人物事例来举例。假设小张同学今天早上穿衣服，首先他穿了一个 T 恤，然后感觉有点冷，又在外面穿了一件卫衣。那么此时就发生了层叠，也就是说小张同学（类比网页的结构和内容）同时被 T 恤（类比网页样式表 1）和卫衣（类比网页样式表 2）进行修饰。

第二个方面指的是多个不同的样式表进行层叠后，对于不同的样式表中针对某一个"样式"（即为网页的某一种特征）做出的不同设置，浏览器渲染时会按照优先级算法来确定最终使用哪个样式表的样式进行渲染。

我们再使用一个例子来类比一下。假设小张同学要给他的桌子刷油漆，他首先给桌子刷了一层白色的油漆；然后觉得不耐脏，又给桌子刷了一层黑色油漆；感觉颜色太深沉，最后给桌子刷了他最喜欢的天蓝色油漆。

那么在此情况下，白色油漆、黑色油漆和天蓝色油漆就是对同一张桌子（类比网页）的三个不同样式表中对相同的颜色样式做出的不同设置。最终桌子会呈现天蓝色就是因为天蓝色是最后涂刷的颜色（这就是优先级起了作用，在本例中，优先级是颜色涂刷的顺序级别）。

相信通过以上的讲解，读者应该明白了层叠的含义。简单总结一下，层叠实质就是"可叠加、具有优先级"的意思。因此，CSS 就是用于修饰 HTML 网页结构和内容的、可叠加的、具有优先级的计算机语言。

5.3.2　CSS 行内样式表的使用

通过上一小节的介绍，读者应该明白了 CSS 到底是什么，能够在网页中起到什么作用。本小节介绍 CSS 在网页中如何使用。

任何的学习都应该是从简到难，所以在本小节中，首先介绍 CSS 在网页中最简单的一种使用方式。把这种方式称为 CSS 的行内样式表。

使用 CSS 行内样式表要注意以下几个要点：

（1）CSS 行内样式表是作用于网页的某一个 HTML 元素的样式表，所以要求必须在要使用行内样式表的 HTML 元素的开始元素上添加 style 属性，通过属性值来给 HTML 元素添加行内样式表。

- 以下是围堵元素（具有开始元素和结束元素，也称围堵标记）添加行内样式表的语法格式：

```
<HTML 元素名  style=" 样式表内容 ">...</HTML 元素名 >
```

- 以下是自关闭元素添加行内样式表的语法格式：

```
<HTML 元素名  style=" 样式表内容 "/>
```

备注：因为 HTML5 规定自关闭元素可以省略结束符号"/"，故上述语法也可以写成：

```
<HTML 元素名  style=" 样式表内容 ">
```

（2）CSS 的样式表内容由一组样式组成，其中每个样式的组成格式按如下语法：

```
CSS 属性名 :CSS 属性值 ;
```

需要注意的是：

- CSS 属性名是由官方文档规定的，不能随意更改属性名称，否则浏览器渲染无效；
- CSS 属性值的取值有的为固定值，有的为可选值，有的则需要按规定写法或者添加规定的单位，属性值没有按属性规定填写，浏览器也无法成功渲染，具体属性值的规定参看官方文档中对属性的规定设置；
- 属性名和属性值中间用冒号分隔，属性值以分号结尾。

下面来看一个 CSS 行内样式表的示例：

```
<span
   style="border:1px gray solid;
      background:blue;color:white; ">
   样式
</span>
```

5.3.3 CSS 字体常用属性的使用

在之前的讲解中介绍过，一个样式表中包含多种不同的样式设置，所以学习 CSS 样式表，就必须要学习 CSS 提供了哪些样式。

在 CSS 3.0 的官方文档中，共提供了 231 种 CSS 样式属性。本书介绍常用的 CSS 属性的使用方法，更多的属性使用需要读者自行进行扩展学习。

文字是一个网页最基本也是最重要的内容，所以首先来介绍 CSS 提供的与文字相关的属性的使用。

（1）使用 font-size 属性控制字体大小的显示。

font-size 属性的取值见表 5-1。

表 5-1 font-size 属性表

属性取值	含义
xx-small x-small small medium large x-large xx-large	将字体设置为不同大小尺寸,默认为 medium
length	使用一个固定的数值设置字体大小,需要填写数值单位
smaller	将当前元素的字体设置得比其父元素上的字体更小
larger	将当前元素的字体设置得比其父元素上的字体更大
%	将当前元素的字体设置为其父元素上的字体大小的百分比
inherit	继承父元素上字体大小的设置

示例如示例代码 1 ~示例代码 6 所示,效果如图 5-4 ~图 5-9 所示。

示例代码 1:

```
<div style="font-size : xx-small;">hello world!</div>
<div style="font-size : x-small;">hello world!</div>
<div style="font-size : small;">hello world!</div>
<div style="font-size : medium;">hello world!</div>
<div style="font-size : large;">hello world!</div>
<div style="font-size : x-large;">hello world!</div>
<div style="font-size : xx-large;">hello world!</div>
```

图 5-4 效果图 1

示例代码 2:

```
<div style="font-size : 10px;">测试内容 1</div>
<div style="font-size : 20px;">测试内容 2</div>
<div style="font-size : 30px;">测试内容 3</div>
<div style="font-size : 40px;">测试内容 4</div>
```

图 5-5 效果图 2

示例代码 3：

```
<div style="font-size : 30px;">
    父元素字体内容
    <div style="font-size : smaller;">
        子元素字体内容
    </div>
</div>
```

图 5-6　效果图 3

示例代码 4：

```
<div style="font-size : 30px;">
    父元素字体内容
    <div style="font-size : larger;">
        子元素字体内容
    </div>
</div>
```

图 5-7　效果图 4

示例代码 5：

```
<div style="font-size : 30px;">
    父元素字体内容
    <div style="font-size : 50%;">
        子元素字体内容
    </div>
</div>
```

图 5-8　效果图 5

示例代码 6：

```
<div style="font-size : 30px;">
    父元素字体内容
    <div style="font-size : inherit;">
        子元素字体内容
    </div>
</div>
```

图 5-9　效果图 6

（2）使用 font-weight 设置字体的粗细。

font-weight 属性的取值见表 5-2。

表 5-2　font-weight 属性表

属性取值	含义
normal	默认值，标准字体粗细
bold	粗体字符
bolder	更粗字符
lighter	更细字符

续表

属性取值	含义
100	
200	
300	
400	
500	按数值定义字符的粗细，400 等于 normal，700 等于 bold
600	
700	
800	
900	
inherit	继承父元素上设置的字体粗细

示例如示例代码 7 ~ 示例代码 9 所示，效果如图 5-10 ~ 图 5-12 所示。

示例代码 7：

```
<div style="font-weight : normal;
   font-size : 20px;">normal 字符</div>
<div style="font-weight : bold;
   font-size : 20px;">bold 字符</div>
<div style="font-weight : bolder;
   font-size : 20px;">bolder 字符</div>
<div style="font-weight : lighter;
   font-size : 20px;">lighter 字符</div>
```

图 5-10　效果图 7

示例代码 8：

```
<div style="font-size : 15px;
       font-weight : bolder">
   父元素字符
   <div style="font-weight : inherit;
           font-size : inherit;">
      子元素字符
   </div>
</div>
```

图 5-11　效果图 8

示例代码 9：

```
<div style="font-weight : 100;
   font-size : 15px">100 的字符</div>
<div style="font-weight: 200;
   font-size : 15px">200 的字符</div>
<div style="font-weight : 300;
   font-size : 15px">300 的字符</div>
```

```
<div style="font-weight : 400;
    font-size : 15px">400 的字符</div>
<div style="font-weight : 500;
    font-size : 15px">500 的字符</div>
<div style="font-weight : 600;
    font-size : 15px">600 的字符</div>
<div style="font-weight : 700;
    font-size : 15px">700 的字符</div>
<div style="font-weight: 800;
    font-size: 15px">800 的字符</div>
<div style="font-weight : 900;
    font-size : 15px">900 的字符</div>
```

图 5-12　效果图 9

（3）使用 font-style 设置字体的样式。

font-style 属性的取值见表 5-3。

表 5-3　font-style 属性表

属性取值	含　　义
normal	默认值，显示标准字体样式
italic	显示斜体字体样式
oblique	显示倾斜的字体样式
inherit	从父元素种继承字体样式

示例如示例代码 10 和示例代码 11 所示，效果如图 5-13 和图 5-14 所示。

示例代码 10：

```
<div style="font-size : 15px; font-style : normal;">
    normal 字体样式 </div>
<div style="font-size : 15px; font-style : italic;">
    normal 字体样式 </div>
<div style="font-size : 15px; font-style : oblique;">
    normal 字体样式 </div>
```

示例代码 11：

```
<div style="font-size : 15px; font-style: italic;">
    父元素字体样式
    <div style="font-size : inherit; font-style: inherit;">
        子元素字体样式
    </div>
</div>
```

图 5-13　效果图 10

图 5-14　效果图 11

（4）使用 font-family 设置字体系列。

font-family 属性的取值见表 5-4。

表 5-4　font-family 属性表

属性值	含义
字体名称列表	此属性值为浏览器支持的字体类型名称列表，多个字体名称之间用逗号","分隔。浏览器会按照从左到右的顺序依次判断当前浏览器是否支持，所以使用此属性值最好将通用字体样式添加在列表末尾
inherit	继承父元素的字体类型

示例如示例代码 12 所示，效果如图 5-15 所示。

示例代码 12：

```
<div style=" font-size : 15px;
    font-family :
        Georgia, 'TimesNewRoman', Serif "
>
    测试font-family的字符1</div>
<div style=" font-size: 15px;
    font-family :
    'TimesNewRoman', Georgia, Serif "
>
    测试font-family的字符2</div>
```

测试font-family的字符1
测试font-family的字符2

图 5-15　效果图 12

注意：

- 如果 font-family 取值的字体类型名称中有空格存在，那么需要给其名称添加引号（在行内样式表中，因为外部有一对双引号，所以添加的是单引号）；
- font-family 取值的字体类型名称如果是当前浏览器不支持的，则渲染无效。

（5）使用"@font-face"设置自定义字体系列。

"@font-face"的主要作用是通过网络下载指定的字体文件到本机，然后将下载的字体文件定义为自定义字体类型，以此达到在网页中使用更加具有特色的字体类型显示特定的文字内容。此属性的使用需要 font-family 属性配合。

"@font-face"属性的取值见表 5-5。

表 5-5　font-face 属性表

属性值	属性取值	含义
font-family	name	必需，定义自定义的字体名称
src	URL	必需，指明要下载的字体文件的路径
font-stretch	normal condensed ultra-condensed extra-condensed	可选，定义如何拉伸字体，默认值是 normal

续表

属性值	属性取值	含 义
font-stretch	semi-condensed expanded semi-expanded extra-expanded ultra-expanded	可选，定义如何拉伸字体，默认值是 normal
font-style	normal italic oblique	可选，定义字体样式，默认值是 normal
font-weight	normal bold 100 200 300 400 500 600 700 800 900	可选，定义字体的粗细，默认值是 normal
unicode-range	unicode-range	可选，定义字体支持 Unicode 字符范围，默认值是 "U+0-10FFFF"

示例：

①在网上下载文件，并将字体文件放在与网页同目录下（字体文件可以在本项目资源中获取示例字体文件，文件放置的位置可以改变，本示例是按照最简单的相对路径写法放置），如图 5-16 所示。

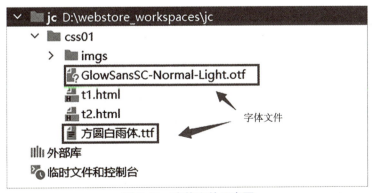

图 5-16　字体文件示意图

②使用内嵌样式表设置自定义的字体类型，注意 @font-face 不能写在行内样式表中，此处暂时使用下一项目介绍的内嵌样式表来定义 @font-face，读者暂时按照示例书写即可定义 @font-face 的内嵌

样式表，写在要使用的 HTML 元素前即可。示例代码：

```
<style>
    @font-face {
      font-family : 'myFont1' ; src : url( 'GlowSansSC-Normal-Light.otf' );
    }
    @font-face { font-family : 'myFont2' ; src : url( '方圆白雨体.ttf' ); }
</style>
```

③在要使用 @font-face 定义的字体类型的元素上添加如示例代码所示行内样式表。示例代码：

```
<div style=" font-size : 30px ; font-family : myFont1 ;">
    测试 @font-face 的字符 1</div>
<div style=" font-size : 30px ; font-family : myFont2 ;">
    测试 @font-face 的字符 2</div>
```

注：以上代码粗体部分显示的字体类型名称要与第②步中自定义的名称保持完全一致。

④最终浏览器渲染效果如图 5-17 所示。

图 5-17　自定义字体效果图

5.3.4　CSS 背景相关属性的使用

（1）使用 background-color 属性设置背景颜色。

background-color 属性的取值见表 5-6。

表 5-6　background-color 属性表

描述	取值	示例
color_name	符合规定的颜色名称	background-color:red;
hex_number	十六进制的颜色码	background-color:#ff0000;
rgb_number	rgb(三原色)的颜色代码	background-color:rgb(255,0,0)
transparent	默认值，透明色	background-color:transparent;
inherit	从父元素上继承背景颜	background-color:inherit;

示例代码：

```
<div style=" background: red ; width : 120px ;
  height : 30px;"></div>
```

```
<div style=" background : #FF00FF ; width : 120px ;
    height : 30px;"></div>
<div style=" background : rgb(120,20,50) ;
    width : 120px ; height : 30px ;"></div>
```

浏览器渲染后的效果如图 5-18 所示。

图 5-18　背景色效果图

（2）使用 background-image 属性设置背景图片。

background-image 属性的取值见表 5-7。

表 5-7　background-image 属性表

描　述	取　值	示　例
url("URL")	背景图片的路径	background-image:url("bg01.jpg");
none	无背景图	background-image:none;
inherit	从父元素继承背景图设置	background-image:Inherit;

示例代码：

```
<div style=" width : 200px ; height : 200px ;
    background-image : url('imgs/bg01.png') ; "></div>
```

浏览器渲染后的效果如图 5-19 所示。

图 5-19　背景图显示效果

(3) 使用 background-repeat 属性设置背景平铺。

background-repeat 属性的取值见表 5-8。

表 5-8 background-repeat 属性表

属性值	含义	示例
repeat	默认。背景图像将在垂直方向和水平方向重复	background-repeat:repeat;
repeat-x	背景图像将在水平方向重复	background-repeat:repeat-x;
repeat-y	背景图像将在垂直方向重复	background-repeat:repeat-y;
no-repeat	背景图像将仅显示一次	background-repeat:no-repeat;
inherit	规定应该从父元素继承 background-repeat 属性的设置	background-repeat:inherit;

示例代码：

```
<div style=" width : 500px; height : 500px;
    border : 1px gray solid; background-repeat : repeat;
    background-image : url( 'imgs/bg02.png' );">
</div>
```

浏览器渲染后的效果如图 5-20 所示。

图 5-20 背景图平铺效果图

示例代码：

```
<div style=" width : 500px; height : 500px;
    border : 1px gray solid; background-image : url( 'imgs/bg02.png' );
    background-repeat : no-repeat;">
</div>
```

浏览器渲染后的效果如图 5-21 所示。

图 5-21 背景图取消平铺效果

示例代码：

```
<div style=" width : 500px; height : 500px; border : 1px gray solid;
    background-image : url('imgs/bg02.png');
    background-repeat : repeat-x;">
</div>
```

浏览器渲染后的效果如图 5-22 所示。

图 5-22 背景图水平方向平铺效果

示例代码：

```
<div style=" width :  500px; height : 500px;
    border : 1px gray solid; background-image : url('imgs/bg02.png');
    background-repeat : repeat-y ;">
</div>
```

浏览器渲染后的效果如图 5-23 所示。

图 5-23　背景图垂直方向平铺效果

（4）使用 background-position 属性设置背景图像位置。

background-position 属性的取值见表 5-9。

表 5-9　background-position 属性表

属性值	含义	示例
top left top center top right center left center center center right bottom left bottom center bottom right	（1）如果仅规定了一个关键词，那么第二个值将是 center； （2）默认为 0% 0%；	backgournd-position:top left;
x% y%	（1）第一个值是水平位置，第二个值是垂直位置； （2）左上角是 0% 0%。右下角是 100% 100%； （3）如果仅规定了一个值，另一个值将是 50%	background-position:50% 40%;
xpos ypos	（1）第一个值是水平位置，第二个值是垂直位置； （2）左上角是 0 0。单位是像素 (0px 0px) 或任何其他的 CSS 单位； （3）如果仅规定了一个值，另一个值将是 50%； （4）可以混合使用 % 和 position 值	background-position:40px 40px;

示例代码：

```
<div style=" width : 500px; height : 500px; border : 1px gray solid;
    background-image : url( 'imgs/bg02.png' );
    background-repeat : no-repeat;
    background-position : top center; "></div>
```

浏览器渲染后的效果如图 5-24 所示。

图 5-24　背景图定位效果图

示例代码：

```
<div  style=" width : 500px; height : 500px;
    border : 1px gray solid;
    background-image : url('imgs/bg02.png');
    background-repeat : no-repeat;
    background-position : 30%  70%; ">
</div>
```

浏览器渲染后的效果如图 5-25 所示。

图 5-25　背景图定位效果图

示例代码：

```
<div style="width : 500px; height : 500px;
       border : 1px gray solid;
```

```
background-image : url('imgs/bg02.png');
background-repeat : no-repeat;
background-position : 120px  80px; "></div>
```

浏览器渲染后的效果如图 5-26 所示。

图 5-26　背景图定位效果图

5.3.5　CSS 边框相关属性的使用

1. 使用 border 属性设置元素的边框

border 属性用于设置元素的边框。任何元素边框包括三个组成部分，分别如下：

（1）border-width：设置边框的宽度（粗细），属性取值见表 5-10。

表 5-10　border-width 属性表

属性值	含义	示例
thin	设置细边框	border-width:thin;
medium	默认值，设置中等粗细的边框	border-width:medium;
thick	设置粗边框	border-width:thick;
length	按指定数字粗细设置边框，需要单位	border-width:10px;
inherit	从父元素继承边框宽度	border-width:inherit;

（2）border-color：设置边框的颜色，属性取值见表 5-11。

表 5-11　border-color 属性表

属性值	含义	示例
color_name	按颜色名称设置边框颜色	border-color:red;
hex_number	按十六进制颜色码设置边框颜色	border-color:#FF00FF;
rgb_number	按 rgb 颜色代码设置边框颜色	border-color:rgb(250,30,59);
transparent	使用透明色设置边框颜色	border-color:transparent;
inherit	使用父元素的边框颜色设置边框颜色	border-color:inherit;

border-style：设置边框的样式，属性取值见表 5-12。

表 5-12　border-style 属性表

属性值	含义	示例
none	设置无边框	border-style:none;
hidden	与 none 相同。不过应用于表格时除外，对于表格，hidden 用于解决边框冲突	border-style:hidden;
dotted	定义点状边框。在大多数浏览器中呈现为实线	border-style:dotted;
dashed	定义虚线。在大多数浏览器中呈现为实线	border-style:dashed;
solid	定义实线	border-style:solid;
double	定义双线。双线的宽度等于 border-width 的值	border-style:double;
groove	定义 3D 凹槽边框。其效果取决于 border-color 的值	border-style:groove;
ridge	定义 3D 垄状边框。其效果取决于 border-color 的值	border-style:ridge;
inset	定义 3D inset 边框。其效果取决于 border-color 的值	border-style:inset;
outset	定义 3D outset 边框。其效果取决于 border-color 的值	border-style:outset;
inherit	规定应该从父元素继承边框样式	border-style:inherit;

示例代码：

```
<div style="width : 300px; height : 300px; border-width : 6px;
    border-color : black; border-style : dotted;"></div>
```

浏览器渲染后的效果如图 5-27 所示。

图 5-27　边框效果

边框的渲染需要边框的三个样式同时设置，否则无法显示边框。

另外，边框由四个边构成，所以可以单独给元素设置某一个边的边框。CSS 提供了四个边框设置的属性，分别是 border-left、border-right、border-top、border-bottom，如图 5-28 所示。

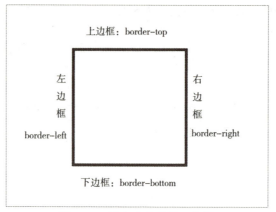

图 5-28 四个方向边框示意图

在设置四个方向的边框时，也需要与边框的三个组成部分配合，可以按照如下方式书写（表 5-13 以左边框为例，其他方向边框同理），左边框属性用法见表 5-13 所示。

表 5-13 左边框属性表

属性名	含义	示例
border-left-width	左边框宽度（粗细）	border-left-width:2px;
border-left-color	左边框颜色	border-left-color:red;
border-left-style	左边框样式	border-left-style:solid;

示例代码：

```
<div style=" width : 300px; height: 300px; border-left-width : 6px;
  border-left-color : burlywood; border-left-style : solid;
  border-top-width : 6px; border-top-color : greenyellow;
  border-top-style : groove; border-right-width : 6px;
  border-right-color : rosybrown; border-right-style : ridge;
  border-bottom-width : 6px; border-bottom-color : orchid;
  border-bottom-style : outset; " > </div>
```

浏览器渲染后的效果如图 5-29 所示。

图 5-29 四个方向设置边框效果

另外，在使用 border 设置边框时，可以使用简化写法，以下是语法格式：

```
border : 边框宽度  边框颜色  边框样式;
```

例如，想设置边框宽度为 1 像素，颜色为红色，样式为实线细边框，那么可以写成如下形式：

```
border : 1px  red  solid;
```

这种语法也适用于四个方向的边框单独设置，语法如下：

```
border-边框方向：边框宽度  边框颜色  边框样式;
```

例如，想设置元素左边框宽度 1 像素，颜色红色的实线细边框，那么可以写成如下形式：

```
border-left : 1px  yellow  solid;
```

如果要去除元素已有的边框，可以使用以下语法：

```
border : none;
```

2. 使用 border-radius 设置圆角边框

border-radius 属性可以设置元素的四个角为带有弧度的形状，也就是通常所说的圆角边框。该属性的属性值见表 5-14。

表 5-14 border-radius 属性表

属性值	含义	示例
length	圆角弧度值，需要使用单位	border-radius:5px;
%	圆角弧度值	border-radius:5%;

示例代码：

```
<div  style=" width : 100px;
  Height : 100px;
  border : 2px grey solid;
  border radius : 10px; " ></div>
```

浏览器渲染后的效果如图 5-30 所示。

图 5-30 圆角边框效果

可以使用"border-方向1-方向2-radius"单独设置某个角的弧度，有四种写法，见表5-15。

表5-15 四个方向圆角边框属性表

属性名	含义	示例
border-top-left-radius	设置左上角圆角边框弧度	border-top-left-radius:5px;
border-top-right-radius	设置右上角圆角边框弧度	border-top-right-radius:5px;
border-bottom-left-radius	设置左下角圆角边框弧度	border-bottom-left-radius:5px;
border-bottom-right-radius	设置右下角圆角边框弧度	border-bottom-right-radius:5px;

示例代码：

```
<div style=" width : 200px; height : 200px;
    border : 2px grey solid; border-top-left-radius : 30px;
    border-bottom-right-radius : 30px; "></div>
```

浏览器渲染后的效果如图5-31所示。

图5-31 单独设置角弧度的圆角边框效果

在特定情况下，可以使用border-radius制作圆形，制作方法为给元素设置宽度和高度（该属性后续项目会介绍）相等的数值，然后取宽度的50%作为圆角弧度即可。

示例代码：

```
<div
    style=" width : 200px;
    height : 200px;
    border : 2px grey solid;
    border-radius : 100px; " >
</div>
```

注意：圆角边框的半径是元素宽度和高度的50%。

浏览器渲染后的效果如图 5-32 所示。

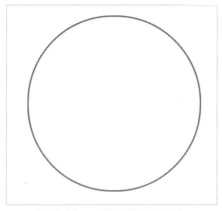

图 5-32 利用边框制作圆形

3. 使用 outline 属性设置元素的外轮廓

outline 用于设置元素的外轮廓，可以通俗地理解为在元素边框之外再设置一个边框，这个边框就称为轮廓。outline 属性值见表 5-16。

表 5-16 outline 属性值表

属 性 值	含 义	示 例
outline-color outline-width outline-style	设置外轮廓的颜色、宽度和轮廓线类型	outline:red 2px solid;
inherit	继承父元素的外轮廓设置	outline:inherit;

示例代码：

```
<div style=" width : 200px; height : 200px;
    border : 4px white solid; outline : 4px black dashed;">
</div>
```

浏览器渲染后的效果如图 5-33 所示。

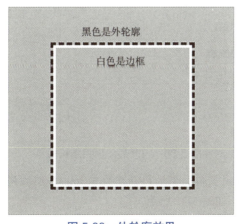

图 5-33 外轮廓效果

5.4 项目实施

按以下步骤完成项目，项目中有部分 CSS 属性不属于本项目介绍内容，读者可以自行查阅 CSS 手册进行学习，后续项目也会对相关部分属性进行讲解。

（1）在工作空间中创建文件夹，命名为 project-css-01，然后使用 Visual Studio Code 打开该文件夹，步骤如图 5-34 ~ 图 5-36 所示。

• 视频

"某趣阁"注册表单制作

图 5-34　创建项目

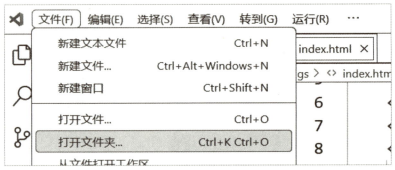

图 5-35　打开项目

图 5-36　打开后的项目结构图

（2）在项目下新建 index.html 文件，然后再新建目录 imgs，然后将课程资源中的图片文件夹下的 code.png 图片放入 imgs 文件夹，如图 5-37 所示。

项目 5　"某趣阁"网站注册表单制作

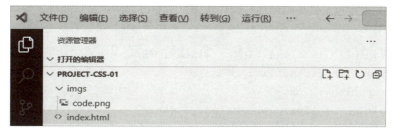

图 5-37　在项目下创建 imgs 文件夹

（3）在 index.html 网页中，使用 <form>、<dl>、<dd>、<input>、<img>、<a>、<em> 等标记设置注册表单的结构和内容，下面是示例代码：

```html
<form  action="#" method="post">
  <dl>
    <dd >
      <em >用户名 </em>
      <input type="text" placeholder=" 输入用户名 ">
    </dd>
    <dd >
     <em >邮箱 </em>
     <input type="text" placeholder=" 输入邮箱 ">
    </dd>
    <dd >
      <em > 密码 </em>
      <input type="password" placeholder="6-18 位大小写字母、符号或数字 ">
    </dd>
    <dd >
      <em > 确认密码 </em>
      <input type="password" placeholder=" 再次输入密码 "></dd>
    <dd >
      <em > 验证码 </em>
      <input type="text" placeholder=" 验证码 ">
      <img src="imgs/code.png" align="top">
      <a href="#"> 换一张 </a>
    </dd>
    <dd >
      <em > </em>
      <input type="checkbox">我已阅读并同意《用户服务协议》
    </dd>
    <dd >
      <em > </em><a href="#"> 立即注册 </a>
    </dd>
  </dl>
</form>
```

（4）给 <em> 元素按照示例代码添加行内样式表，下面以"用户名"的代码示例：

```
<em
    style="display : inline-block; width : 70px;
    font-size:14px;font-style: normal;
    letter-spacing : 2px;
    padding-right : 15px; line-height : 44px;
    text-align : right;">
    用户名
</em>
```

行内样式表添加完毕保存后，刷新网页效果如图 5-38 所示。

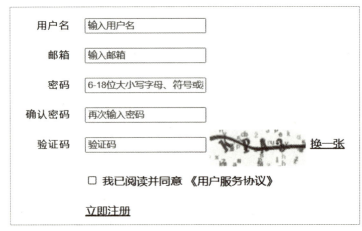

图 5-38　注册表 HTML 结构图

（5）给文本输入框和密码输入框按照示例代码添加行内样式表。
示例代码：

```
<input type="text" placeholder="输入用户名" style="border : none;
width : 260px; outline : 1px #e6e6e6 solid; padding : 10px 15px;">
```

浏览器渲染后的效果如图 5-39 所示。

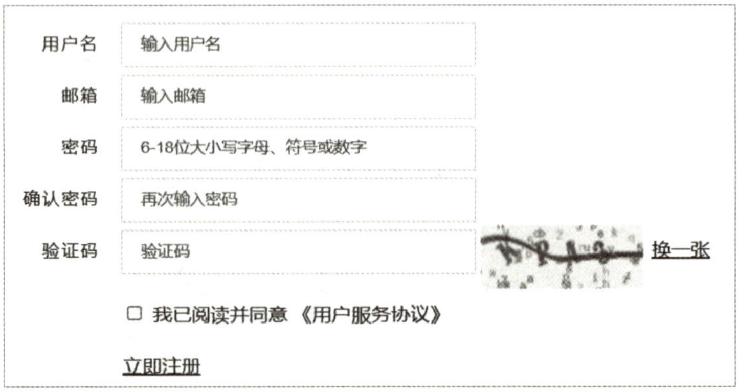

图 5-39　输入框样式渲染图

（6）给 <dd> 元素添加行内样式，用于增加上下行之间的间距，请按照示例代码添加对应的行内样式表。

示例代码：

```
<dd style="margin-top : 15px; margin-bottom : 15px; ">...</dd>
```

以上代码在浏览器中渲染的效果如图 5-40 所示。

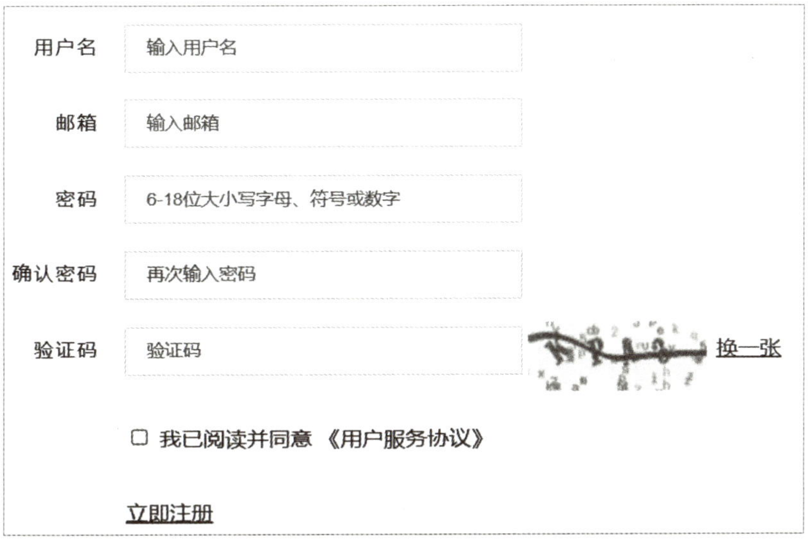

图 5-40　调整行距离后效果图

（7）在复选框上添加 checked 属性，同时在后面的文字内容"我已阅读并同意《用户服务协议》"上添加 <span> 元素，然后按如下示例代码添加行内样式。

示例代码：

```
<input type="checkbox" checked >
<span style="font-size : 12px; line-height : 16px;
    font-family : PingFangSC-Regular, -apple-system,Simsun;">
  我已阅读并同意《用户服务协议》
</span>
```

浏览器渲染后的效果如图 5-41 所示。

图 5-41　设置复选框和其后文字效果图

（8）给超链接"换一张"按照示例代码添加行内样式，改变其显示风格。

示例代码：

```
<a href="#" style="outline : none ; text-decoration: none;
  color : #262626; font-size : 12px;
  font-family : PingFangSC-Regular, -apple-system, Simsun;">
  换一张</a>
```

浏览器渲染后的效果如图 5-42 所示。

图 5-42 修改超链接效果图

（9）设置"立即注册"超链接，按照示例代码添加行内样式表，将超链接的外观变成一个按钮的风格显示。

示例代码：

```
<a href="#" style="text-decoration : none;
  background-color : #2e9de7; display : inline-block;
  width : 340px; color : #fff; text-align : center;
  padding : 10px 0px 10px 0px;">立即注册</a>
```

浏览器渲染后的效果如图 5-43 所示。

图 5-43 设置立即注册按钮样式效果图

小结

本项目通过一个网页中常见的注册表单的制作，介绍了以下内容：
（1）CSS 的概念和作用；
（2）CSS 的行内样式表的使用；
（3）CSS 常用样式属性：字体相关属性的使用；

（4）CSS常用样式属性：背景相关属性的使用；
（5）CSS常用样式属性：边框相关属性的使用。

通过本项目的介绍，相信读者朋友对CSS的使用有了一个比较明确的认识。同时在本项目的案例中，有部分CSS样式属性是本项目没有讲解的，读者朋友可以通过CSS手册自行学习。

另外，CSS学习难度并不大，但是需要记忆的内容比较多，所以希望各位读者课下能够多做、多练、多记，慢慢地熟能生巧，自然便能掌握这门知识。

练习题

请仿照项目实践，完成"某点网注册页面"注册表单的制作，表单效果如图5-44所示。

图5-44　作业效果图

项目 6

某招聘网站登录网页制作

6.1 项目导入

经过上一个项目的学习,小张同学对 CSS 有了一定的认识。今天,他想做一个完整的页面。经过网上的浏览,小张同学选择制作某招聘网站的登录页面作为自己的挑战目标。但是,小张感觉还是有一定难度的,所以请读者朋友们帮助小张同学来完成今天的挑战。

图 6-1 所示是某招聘网站登录网页的效果。

图 6-1 招聘网站登录页效果

6.2 学习目标

6.2.1 职业能力
- 掌握扎实的计算机专业基础知识；
- 培养良好的学习能力；
- 培养优秀的动手实践能力。

6.2.2 知识目标
- 掌握 CSS 内嵌样式表的使用；
- 理解 CSS 的布局的盒子模型概念；
- 理解 DIV+CSS 布局的原理；
- 掌握盒子模型相关 CSS 属性的使用；
- 掌握绝对定位和相对定位的 CSS 属性的使用；
- 掌握阴影的 CSS 属性的使用。

6.2.3 职业素养
- 践行社会主义核心价值观，充分学习技能，为社会发展做出贡献；
- 诚信待人，在学习工作中虚心请教；
- 热爱工作，为实现中华民族伟大复兴中国梦贡献自己的力量。

6.3 相关知识

6.3.1 CSS 内嵌样式表的使用

在上一项目中，使用的是一种称为行内样式表来修饰网页。经过使用，发现行内样式表在写的时候语法比较简单，但是有两个比较严重的问题：

（1）行内样式表定义的样式只能作用在一个元素上，不能同时作用在多个元素上。但是在一个网页中，很多元素都具有相同的风格样式。在这种情况下，使用行内样式表会造成网页中 CSS 样式出现大量的冗余（冗余就是重复性的代码）。

图 6-2 所示是上一项目引入案例代码示例，标注部分即为冗余代码。

（2）样式的维护比较困难。比如上个例子中，假设要改变 <em> 元素中文字大小，那么就需要将整个网页的所有 <em> 元素的行内样式表找到，然后逐一更改其中的 font-size 样式，这样的修改耗时耗力还极容易出现错误。

为了减少样式代码的冗余，便于维护 CSS 样式，提出 CSS 样式表在网页中引入的第二种方式，即内嵌样式表。内嵌样式表的实现基本原理就是将元素上的样式表从 HTML 元素中抽离出来，放入当前网页的特定区域（以特定的标记表明），从而让当前网页中的 HTML 元素统一使用一份共同的样式表。

Web 前端技术基础

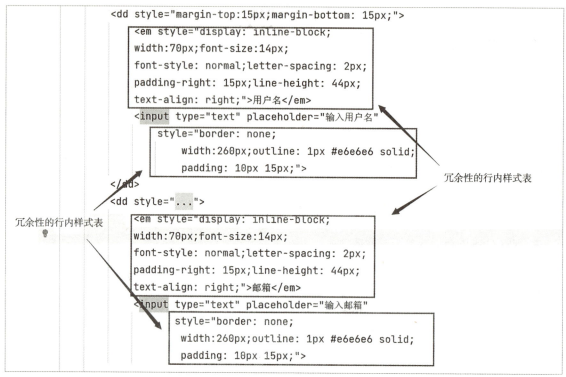

图 6-2　行内样式表导致的冗余示意图

使用内嵌样式表，可以分为以下几个步骤来实现：

在网页中使用 <style> 标记标明内嵌样式表的范围：

语法为：<style type="text/css"></style>

简化为：<style ></style>

如图 6-3 和如图 6-4 所示。

```
1   <!DOCTYPE html>
2   <html lang="en">
3   <head>
4       <meta charset="UTF-8">
5       <meta http-equiv="X-UA-Compatible" content="IE=edge">
6       <meta name="viewport" content="width=device-width, initial-scale=1.0">
7       <title>test</title>
8       <style type="text/css">
9
10      </style>
11  </head>
12  <body>
13
14  </body>
15  </html>
```

内嵌样式表

图 6-3　内嵌样式表代码图

```
1   <!DOCTYPE html>
2   <html lang="en">
3   <head>
4       <meta charset="UTF-8">
5       <meta http-equiv="X-UA-Compatible" content="IE=edge">
6       <meta name="viewport" content="width=device-width, initial-scale=1.0">
7       <title>test</title>
8       <style>
9                                    ← 内嵌样式表
10      </style>
11  </head>
12  <body>
13
14  </body>
15  </html>
```

图 6-4　内嵌样式表代码简化语法图

注意问题：

（1）一个网页中可以有多个 <style> 元素，每一个 <style> 代表一份内嵌样式表，合法写法如图 6-5 所示。

```
<!DOCTYPE html>
<html lang="en">
<head>
    <meta charset="UTF-8">
    <meta http-equiv="X-UA-Compatible" content="IE=edge">
    <meta name="viewport" content="width=device-width, initial-scale=1.0">
    <title>test</title>
    <style>
                       ← 内嵌样式表1
    </style>                              合法写法
</head>
<body>
    <style>
                       ← 内嵌样式表2
    </style>
</body>
</html>
```

图 6-5　多个内嵌样式表图

（2）一般而言，内嵌样式表多放置在 <head> 元素中。

①在 <style> 标记标明的样式表中，填写样式规则（一份样式表可以有若干样式规则），样式规则的语法如图 6-6 所示。

```
css选择器{
    css属性名:css属性值；      一个样式规则
    css属性名:css属性值；      由若干CSS样式
    ...                      构成
}
```

图 6-6　CSS 规则语法示意图

②一个完整的内嵌样式表示例如图 6-7 所示。

```html
<!DOCTYPE html>
<html lang="en">
<head>
    <meta charset="UTF-8">
    <meta http-equiv="X-UA-Compatible" content="IE=edge">
    <meta name="viewport" content="width=device-width, initial-scale=1.0">
    <title>test</title>
    <style>
        p{
            color: red;
            font-size:15px;
        }
    </style>
</head>
```

图 6-7 内嵌样式表示例图

通过上面的讲解，我们知道了如何定义一个 CSS 内嵌样式表，以及如何在"内嵌样式表"中定义 CSS 样式规则。接下来介绍样式规则中 CSS 选择器的概念。

思考这样一个问题：当写了一个样式规则的时候，浏览器需要知道定义的样式规则给网页中哪些元素进行渲染使用。如果是行内样式表，因为直接写在 HTML 元素中，浏览器当然知道给哪个元素渲染。如果内嵌样式表的样式没有写在 HTML 元素中，那么浏览器如何识别这些样式使用在哪些 HTML 元素上呢？

这个时候必须在样式规则上添加一个说明标识，用于告诉浏览器样式规则作用的 HTML 元素。这个说明标识就是 CSS 选择器。

所以，给 CSS 选择器下的定义就是，一个用于设置 CSS 样式规则作用于网页的标识符号。

CSS 官方的选择器共有 52 种，在本项目正式课程内容中先讲解三种最常用的 CSS 选择器，后续其他选择器，读者也可以去查阅官方文档进行学习。

表 6-1 所示为最常用的三种 CSS 选择器。

表 6-1 CSS 常用选择器表

CSS 选择器名称	作　　用
ID 选择器	设置元素上具有与 ID 选择器名称相同的 ID 属性值的元素渲染的样式
元素选择器	设置与选择器名称相同的 HTML 元素名称的元素渲染的样式
类选择器	设置元素上具有与类选择器名称相同的 class 属性值的元素渲染的样式

下面通过三个示例具体说明以上三种选择器的使用。

（1）ID 选择器的使用。

①在要使用 ID 选择器样式规则的 HTML 元素上添加 ID 属性，如图 6-8 所示。

```
<body>
    <p   id="p1">
        id选择器样式
    </p>
</body>
```

图 6-8　给元素添加 ID 属性

②在内嵌样式表中定义 ID 选择器的样式规则。注意 ID 选择器名称以 "#" 开头，名称必须与第①步中 HTML 元素上的 ID 属性值保持一致，如图 6-9 所示。

```
<style>
    #p1{
        color: red;
        font-size: 15px;
    }
</style>
</head>
<body>
                                保持一致
    <p   id="p1">
        id选择器样式
    </p>
```

图 6-9　设置 ID 选择器样式规则

注意：HTML 元素的 ID 属性值在同一个网页中不允许重复，所以 ID 选择器用于设置网页中某一个特定元素定义的样式。

（2）元素选择器的使用。

①确定要使用样式的 HTML 网页元素，如给 <td> 元素使用样式，网页结构如图 6-10 所示。

```
<table border="1">
    <tr>
        <td> </td>
        <td> </td>
    </tr>
    <tr>
        <td> </td>
        <td> </td>
    </tr>
</table>
```

图 6-10　HTML 元素结构图

② 在内嵌样式表中定义元素选择器的样式规则，元素选择器名称与 HTML 元素名保持一致（忽略大小写），如图 6-11 所示。

```
<style>
    td{
        background-color: ☐aliceblue;
    }
</style>
```

图 6-11　设置 td 元素选择器样式规则

注意：使用元素选择器定义的样式会作用在当前网页所有的元素选择器名称对应的 HTML 元素上。比如上述例子中，td 元素选择器定义的样式规则会作用在当前网页的所有 <td> 元素上。

（3）类选择器的使用。
① 在要使用样式的 HTML 元素上添加 class 属性，属性值保持一致，如图 6-12 所示。

```
<body>

    <span class="ex01">this is span!</span>
                        要使用同一个类选择器的class属性
                        值保持一致，属性值为用户自定义
    <div class="ex01">this is div!</div>

</body>
```

图 6-12　给元素添加 class 属性

② 在内嵌样式表中定义类选择器，注意类选择器的名称必须以"."开头，选择器名称必须与第①步中的 class 属性值保持一致，如图 6-13 所示。

```
    <style>
        .ex01{
            font-size: 20px;
            background-color: ☐aqua;
        }
    </style>
</head>
<body>
                    保持一致
    <span class="ex01">this is span!</span>

    <div class="ex01">this is div!</div>
```

图 6-13　设置类选择器样式规则

注意：类选择器是最常用的选择器，一定要掌握。同时一个元素上可以指定多个类选择器规定的样式，如图 6-14 所示。

```
<style>
    .d01{
        color: blue;
    }

    .d02{
        font-size: 20px;
        font-weight: bolder;
    }
</style>
</head>
<body>
    <div class="d01 d02">
        this is div!
    </div>
</body>
```

多个类选择名称之间用空格分隔

图 6-14 给元素添加多个类选择样式规则语法

注意：多个类选择器如果对同一 CSS 样式规定了不同的值，那么后面写的类选择器中的样式将覆盖前面的。

6.3.2 CSS 盒子模型的概念

CSS 盒子模型是 CSS 中一个非常重要的概念，也是 DIV+CSS 布局必须要掌握的前置概念。

CSS 认为，网页上的每个元素都可以类比为一个盒子。每个盒子都可以由四个部分组成，如图6-15 所示。

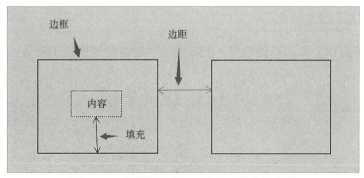

图 6-15 盒子模型边框、边距、填充示意图

- 内容：HTML 元素要在网页中呈现的数据，如文字、图片、视频等，是网页中要展示的各种数据；
- 边框：用于标识 HTML 元素在网页中占用的区域范围，可以分为四个方向（上、右、下、左），有些 HTML 元素默认显示边框，如文本输入框，有些 HTML 元素默认隐藏边框，如段落；
- 填充：HTML 元素内容和边框之间的距离，可以分为四个方向（上、右、下、左）；
- 边距：HTML 元素和 HTML 元素之间的距离，可以分为四个方向（上、右、下、左）。

6.3.3 DIV+CSS 布局的原理

利用 CSS 的盒子模型，可以用更加灵活的模式来对网页进行布局，故此提出 DIV+CSS 布局。这种布局针对早期网页的表格布局具有更大的灵活性，可以用于各种比较有特性化的网页布局。

DIV+CSS 布局的基本原理是：

（1）利用 DIV 元素作为布局容器，使用盒子模型相关的属性（宽度、高度、边框、边距），借助 DIV 元素将网页划分成若干区域，HTML5 提供了一些新的布局容器元素，其使用的本质与 DIV 元素相同；

（2）在 DIV 元素内填充内容，并调整边距或者填充，以调整内容的位置；

（3）调整好位置之后去除 DIV 的边框即可完成布局。

这部分内容比较抽象，这里先有个印象即可，后面在项目实施步骤中会充分讲解 DIV+CSS 布局的应用。

6.3.4 盒子模型相关的 CSS 属性的使用

盒子模型相关的属性在 CSS 中使用最为频繁，也是初学者必须掌握的 CSS 属性之一。下面介绍盒子模型 CSS 相关属性的使用。同时，盒子模型中的边框属性（border）在项目 5 已经讲解过了（此部分内容可以参见项目 5 的讲解内容），所以本项目讲解其他属性。

（1）使用 margin 属性设置元素的边距。

margin 属性可以同时设置元素四个边框方向的边距，分别是上边框、下边框、左边框和右边框的边距。其用法见表 6-2。

表 6-2 margin 属性表

属性值	含义	示例
auto	由浏览器计算边距	margin:auto;
length	以具体带单位的数值一次性设置四个方向边距的值	margin:5px;
%	以包含元素宽度的百分比指定外边距，即使用父元素的宽度计算边距	margin:20%;
inherit	从父元素继承边距	margin:inherit;

元素的边距也可以四个方向单独设置，CSS 提供了对应的属性用于设置四个方向的边距，见表 6-3。

表 6-3 四个方向边距属性名称表

属性名	含义	备注
margin-left	左边距	用法与 margin 相同
margin-right	右边距	
margin-top	上边距	
margin-bottom	下边距	

另外，也可以通过 margin 属性分别设置四个方向的边距，其写法见表 6-4。

表 6-4　margin 四种写法表

示　例	说　明
margin:10px;	设置元素四个方向的边距都为 10px
margin:10px 20px;	设置元素上边距和下边距为 10px，左边距和右边距为 20px
margin:10px 20px 30px;	设置元素的上边距为 10px，左边距和右边距为 20px，下边距为 30px
margin:10px 20px 30px 40px;	设置元素的上边距为 10px，右边距为 20px，下边距为 30px，左边距为 40px

（2）使用 padding 属性设置元素的填充。

padding 属性可以同时设置元素四个边框方向的填充距离，分别是上边框、下边框、左边框和右边框的边距。其用法见表 6-5。

表 6-5　padding 属性取值表

属 性 值	含　义	示　例
auto	由浏览器计算边距	margin:auto;
length	以具体带单位的数值一次性设置四个方向边距的值	margin:5px;
%	以包含元素宽度的百分比指定外边距，即使用父元素的宽度计算边距	margin:20%;
inherit	从父元素继承边距	margin:inherit;

元素的填充距离也可以四个方向单独设置，CSS 提供了对应的属性用于设置四个方向的边距，见表 6-6。

表 6-6　padding 四个方向属性名称表

属 性 名	含　义	备　注
padding-left	左边填充距离	用法与 padding 相同
padding-right	右边填充距离	
padding-top	上边填充距离	
padding-bottom	下边填充距离	

另外，也可以通过 padding 属性分别设置四个方向的填充距离，其写法见表 6-7。

表 6-7　padding 属性值四种写法表

示　例	说　明
padding:10px;	设置元素四个方向的填充距离都为 10px
padding:10px 20px;	设置元素上边填充距离和下边距为 10px，左边填充距离和右边填充距离为 20px
padding:10px 20px 30px;	设置元素的上边填充距离为 10px，左边填充距离和右边填充距离为 20px，下边填充距离为 30px
padding:10px 20px 30px 40px;	设置元素的上边填充距离为 10px，右边填充距离为 20px，下边填充距离为 30px，左边填充距离为 40px

（3）使用 width 属性设置元素的宽度。

width 属性用于设置元素区域的宽度，其用法见表 6-8。

表 6-8 宽度属性值表

属性值	含 义	示 例
auto	默认值。浏览器可计算出实际的宽度	width:auto;
length	使用带单位的数字定义宽度	width:50px;
%	定义基于包含块（父元素）宽度的百分比宽度	width:20%;
inherit	规定应该从父元素继承 width 属性的值	width:inherit;

（4）使用 height 属性设置元素的高度。

height 属性可以用于设置元素区域的高度，其用法见表 6-9。

表 6-9 高度属性值表

属性值	含 义	示 例
auto	默认值。浏览器可计算出实际的高度	height:auto;
length	使用带单位的数字定义高度	height:50px;
%	定义基于包含块（父元素）宽度的百分比高度	height:20%;
inherit	规定应该从父元素继承 height 属性的值	height:inherit;

注意：在给元素设置宽度和高度的时候，如果元素是块级元素，那么 width 和 height 的设置是有效的；如果元素是行级元素，那么 width 和 height 设置将失效。所谓的"块级元素"是指元素单独占用文档的一行，在本行中，前后不能有其他元素如 <h1>、<p>、<div> 等；而"行级元素"是指元素在本行中前后可以有其他元素，如 <a>、<img>、<span> 等。

另外，可以通过 CSS 的 display 属性改变元素为行级或者块级，具体内容请参看 CSS 手册中关于 display 属性部分的讲解。

6.3.5　绝对定位和相对定位的 CSS 的使用

在 CSS 中，经常要控制一个元素在网页中的位置。常用的方式是使用盒子模型。但是在一些特殊的场合下，盒子模型并不能很好地达到要求。所以 CSS 提出了定位属性，用于控制一些特殊的元素在页面中的显示位置，从而让页面变得更加个性化。

定位属性在 CSS 中是 position 表示，与其相关的属性有四个，分别是 left、right、top、bottom，下面分别介绍这几个属性的使用。

position 属性值的含义，见表 6-10。

表 6-10 定位属性值表

属性值	含 义	示 例
static	默认值，元素出现在正常的文档流中	position:static;
absolute	生成绝对定位的元素，相对于 static 定位以外的第一个父元素进行定位。元素的位置通过 left、top、right、bottom 属性进行规定	position:absolute;
fixed	生成绝对定位的元素，相对于浏览器窗口进行定位。元素的位置通过 left、top、right、bottom 属性进行规定	position:fixed;

续表

属性值	含 义	示 例
relative	生成相对定位的元素，相对于其正常位置进行定位。元素的位置通过 left、top、right、bottom 属性进行规定。	position:relative;
inherit	规定应该从父元素继承 position 属性的值	position:inherit;

表 6-10 的内容看起来有些繁杂，接下来化繁为简，介绍几个关键问题，大家就会觉得定位属性的使用其实也并不复杂。

第一个问题：什么是文档流？

想象一下，假设准备一张 B5 的白纸，然后从白纸的左上角开始书写文字，第一行写满之后继续换行写第二行内容，这张白纸中从左到右、从上到下逐行的书写方式就被称为文档流。

如图 6-16 所示，写满内容的白纸就是文档流，HTML 网页的内容就是按照文档流的方式进行排布的。

图 6-16　演示网页基础文档结构示意图

继续想象，现在将一张保鲜膜覆盖在白纸上，这个时候也可以在保鲜膜上进行内容的书写，不过此时书写的内容就会覆盖掉白纸上的内容，但是不会影响到白纸上内容的结构。那么把这层保鲜膜也称为一个文档流，为了和白纸代表的文档流区分，称之为"绝对定位文档流"，之前白纸代表的就称为"HTML 基础文档流"，如图 6-17 所示。

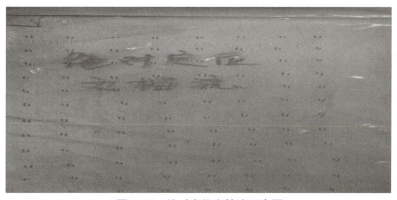

图 6-17　绝对定位文档流示意图

注意：绝对定位文档流中的内容会覆盖掉 HTML 基础文档流的内容，但是对 HTML 基础文档流的结构不会产生任何影响（因为是两个不同的层次）。

第二个问题：absolute、fixed 和 relative 分别在那个文档流中？
absolute 和 fixed 是在绝对定位文档流中，而 relative 在 HTML 基础文档流中。

第三个问题：absolute 和 fixed 的区别在哪里？
首先，这两种定位的元素都是处于"绝对定位文档流"中的，只是这两种定位的元素的参照物不同。
absolute 的参照物是定位元素的父元素（也就是以父元素的位置来调整当前 absolute 定位元素的位置），但要求其父元素上的 position 属性必须是 absolute、relative、fixed 三种中的一种。如果不是，则继续往上层看其父元素的定位属性是否符合要求，依此类推，直到找到符合要求的父元素或者最终以浏览器的位置来进行定位。
fixed 的参照物只能是浏览器的窗口位置。

第四个问题：relative 的相对含义是什么？
相对定位 relative 比较特殊，它的定位方式相当于元素自身在文档流中的原始位置，然后以这个原始位置的左上角顶点为原点，调整其在页面的显示位置。这里请注意，相对定位的元素在文档流中的占用位置不会发生改变，改变的仅仅是其在页面的显示位置。这类似于海市蜃楼，物体的原始位置没有变化，只是投影到了其他位置而已。

图 6-18 所示是三个 <span> 元素在页面中的显示，没有使用定位属性控制。

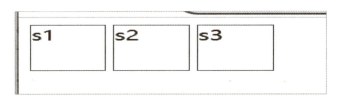

图 6-18　未使用定位控制的 <span> 元素

接下来对 s2 的 <span> 使用相对定位，调整其位置为上方向下移动 50 像素，如图 6-19 所示。

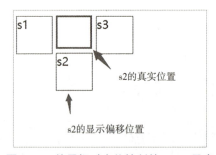

图 6-19　使用相对定位控制的 span 元素

可以发现，s2 在文档流中的位置并没有改变，改变的仅仅是 s2 的显示位置。如果 s2 真的改变了文档流中的位置，那么 s1 和 s3 就会靠拢在一起，而不是中间有一个空白距离。

下面来看看与定位属性相关的四个位置控制属性，它们分别是 top、bottom、left 和 bottom，四个属性用于控制四个不同的边的方向，属性取值要求都是相同的。下面以 top 举例进行介绍，其余三个属性同理。

top 属性取值的详细信息见表 6-11。

表 6-11 top 属性取值表

属性值	含义	示例
auto	默认值。通过浏览器计算上边缘的位置	top:auto;
%	设置以包含元素的百分比计的上边位置。可使用负值	top:20%;
length	使用 px、cm 等单位设置元素的上边位置。可使用负值	top:15px;
inherit	规定应该从父元素继承 top 属性的值	top:inherit;

6.3.6 HTML5 中提供的新的布局元素

在 HTML5 之前，可以首先大量使用 <div> 作为网页的布局元素，利用 <div> 将网页划分为若干区域，然后再利用 CSS 设置 <div> 的边距、填充、定位等特性，从而实现网页的自定义布局。这种方式称为 DIV+CSS 布局。

但是，DIV 元素本身在 HTML 中没有特定的含义，那么使用 DIV 布局的区域很难理解这些区域代表的含义。所以在 HTML5 规范中，提出了给 DIV 赋予不同含义的想法。按照这样的想法，创建了 HTML5 的布局标签。可以理解为这些布局标签就是有具体含义的 DIV。

比如，在 HTML5 中的布局元素 <aside> 标签用于定义网页"侧边栏"内容。

图 6-20 所示内容就是一个"侧边栏"的示例。

图 6-20 网页"侧边栏"示例图

注意：布局元素只是有语义含义的 <div> 而已，不是直接就能做出图 6-20 所示效果。要做出图 6-20 所示效果，还需要给布局元素添加对应的 CSS 样式。

使用 HTML5 布局元素的好处在于可以更加方便开发人员阅读 HTML 文件代码，同时也利于搜索引擎搜索网页的内容。所以，可以在网页中尽可能使用布局元素来代替 DIV。

6.4 项目实施

按以下步骤完成导入项目，项目中有部分 CSS 属性不属于本项目介绍内容，有兴趣可以查询 CSS

手册，后续章节也会对相关属性进行讲解。

（1）创建项目。在工作空间中创建文件夹，命名为 project-css-02，然后使用 Visual Studio Code 打开该文件夹，如图 6-21～图 6-24 所示。

图 6-21　新建项目示意图

图 6-22　打开文件夹

图 6-23　选择文件

项目 6　某招聘网站登录网页制作

图 6-24　打开项目

（2）在项目根目录下创建 login.html 登录网页，创建完成后如图 6-25 所示。

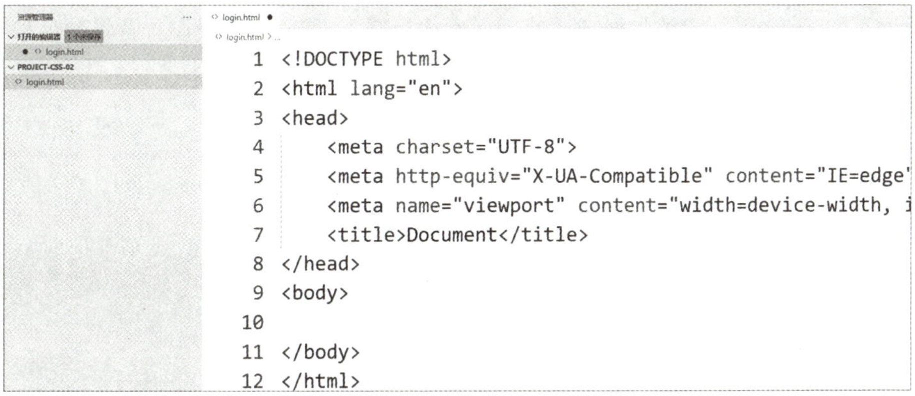

图 6-25　新建 login.html 文件

（3）在项目下新建目录 imgs，然后将课程资源中的 newbg.png、code.png、btn-ewm.png、logo.png、tags.png 图片放入项目下的 imgs 目录下，如图 6-26 所示。

图 6-26　创建 imgs 文件夹并放入图片资源文件

（4）在文档的 <head> 标记内添加内嵌样式表 <style> 标记，用于在后续添加内嵌 CSS 样式，如图 6-27 所示。

93

```html
<!DOCTYPE html>
<html lang="en">
<head>
    <meta charset="UTF-8">
    <meta http-equiv="X-UA-Compatible" content="IE=edge">
    <meta name="viewport" content="width=device-width, initial-scale=1.0">
    <title>login</title>
    <style>
        /*内嵌样式表*/    在内嵌样式表中，/**/为注释符号，用于在样式表中添加注释内容
    </style>
</head>
<body>

</body>
</html>
```

图 6-27 给 login.html 添加内嵌样式表

（5）给网页的 <body> 元素添加样式（使用元素选择器），用于给网页设置背景颜色和背景图，代码示例如下：

```css
/* 文档正文样式规则 */
body{
    width : 100vw; height : 100vh ; margin : 0; padding : 0;
    background-color : rgb(0,193,193,0.8);
    background-image : url("imgs/newbg.png");
    background-repeat : no-repeat;
    background-size : 100%;
    background-position-x : center;
    background-position-y : bottom;
}
```

浏览器渲染后效果如图 6-28 所示。

图 6-28 body 元素样式渲染后效果图

注意：

vw 和 vh 为相对单位，具体查看 CSS 单位讲解；

margin 和 padding 设置为 0 是取消 <body> 元素中具体设置，让 body 中的内容与浏览器边界更好

地贴合在一起；

此处的 background-color 用 rgb 设置颜色，最后一个 0.5 表示透明度为 50%，这样才能把背景图全部显示出来。

（6）在 <body> 元素中添加 <div> 元素，id 设置为 tel，给 <div> 元素中添加文字内容"客户服务热线：400 ××× ××××"，最后在 <style> 中添加内嵌样式表，代码如下：

```
<style>
  #tel{    /* 在内嵌样式表中添加此样式规则 */
    position:absolute;/* 设置定位为绝对定位 */
    color:#fff;/* 设置文字颜色为白色 */opacity:0.7;/* 设置透明度为70%*/
    line-height:20px;/* 设置行高为 20 像素 */
    font-size:14px;/* 设置文字大小为 14 像素 */
    top:60px;/* 设置当前 div 与浏览器顶部的距离为 60 像素 */
    right:60px;/* 设置当前 div 与浏览器右边的距离为 60 像素 */
  }
</style>
<body>
    <div id="tel">客户服务热线：400 ××× ××××</div>
</body>
```

（7）在 <body> 中添加 <div>，设置 class 属性值为 login-register-unite，将这个 <div> 作为登录相关内容的容器。然后在 <style> 中添加对应的样式规则（类选择器定义的样式规则），具体代码如下：

```
.login-register-unite{    /* 登录内容容器样式 */
  position: absolute;/* 绝对定位 */ top:15%;/* 上部距离 */
  left:25%;/* 左边距离 */ width:728px;/* 宽度 */
  height: 520px;/* 高度 */   background:#fff;/* 背景色 */
  border-radius: 28px;/* 圆角边框 28 像素 */
  box-shadow: 0px 0px 5px 5px rgb(127,127,127,0.1);/* 设置边框的灰色阴影 */
}
```

设置完成后浏览器渲染效果如图 6-29 所示。

图 6-29　样式渲染后效果图

（8）在 <div class="login-register-unite"> 中添加 <div class="side-slide-box"></div>，在 <style> 中添加对应的样式规则，具体代码如下：

```css
.side-slide-box{
    Width : 240px; height : 100%;
    background : linear-gradient(214deg,#dffbff,#faf6f3);
    border-radius : 28px 0 0 28px;
    padding-left : 32px; font-size : 14px;
    box-sizing : border-box;
    position : relative; float : left;
}
```

（9）在 <div class="side-slide-box"></div> 中添加无序列表，用于完成左侧列表，HTML 结构代码参考如下：

```html
<div class="side-slide-box">
    <ul>
        <li>
            <a href="">
            <img src="imgs/logo1.png" alt="" class="logo">
            <div class="desc job">
                <em> 找工作 </em>
                <p> 上 XX 直聘直接谈 </p>
            </div>
            </a>
        </li>
        <li>
            <i class="icon icon-chat"></i>
            <div class="desc"><em> 沟通 </em>
            <p> 在线职位及时沟通 </p>
            </div>
        </li>
        <li>
            <i class="icon icon-select"></i>
            <div class="desc"><em> 任性选 </em>
            <p> 各大行业职位任你选 </p>
            </div>
        </li>
    </ul>
</div>
```

（10）给第（9）步左侧列表添加 CSS 样式，其代码如下：

```css
/* 去除超链接下划线 */
a{   text-decoration: none;   }
```

```css
/* 调整无序列表的位置样式 */
ul{
    margin-top : 10px; list-style : none;
    position : absolute; left : -10px; top : 80px;
}
/* 调整列表项的上下距离样式 */
li{  margin: 30px auto;         }
.desc{
    display : inline-block; line-height : 8px;
    position : relative; top :-5px;
}
.logo{
    width: 42px; height: 42px;margin-right: 10px;
}
.icon{
    width : 42px; height : 42px;
    display : inline-block; margin-right : 10px;
}
.icon-chat{
    background-image : url("imgs/tags1.png");
    background-size : 100%; background-repeat : no-repeat;
}
.icon-select{
    background-image : url("imgs/tags1.png");
    background-size : 100% ; background-repeat : no-repeat;
    background-position : 0px -42px;
}
.desc > em{
    font-size : 14px; font-style : normal;
    font-weight : 500; color : #666;
}
.desc > p{
    font-size : 13px; font-style : normal ; color : #999;
}
.job > em{
    display : block; font-size : 14px ; font-weight : 600;
    font-style : normal; color : #00a6a7; line-height : 20px;
}
.job > p{
    font-size : 14px; color : #00a6a7;
    line-height : 20px; margin-top : 2px;
}
```

设置内嵌样式表完成后,浏览器渲染后效果如图 6-30 所示。

图 6-30　渲染样式后的效果图

(11)在具有 class="side-slide-box" 的 <div> 元素后面创建新的 <div> 元素,设置 class="login-register-content",其代码如下:

```
.login-register-content{
    width : 488px; position : relative;
    float : left;
}
```

(12)在具有 class="login-register-content" 的 <div> 元素内创建新的 <div> 元素,具有 class="btn-sign-switch" 属性,其代码如下:

```
<div id="tel">客户服务热线:400 ××× ××××</div>
<div class="login-register-unite">
   <div class="side-slide-box">
       …省略之前的代码
   </div>
   <div class="login-register-content">
      <div class="btn-sign-switch">
      </div>
   </div>
</div>
```

(13)设置 login-register-content 的 CSS 样式规则,代码如下:

```
.login-register-content{
    width : 488px;
    position : relative;
    float : left;
}
```

（14）设置 btn-sign-switch 的 CSS 样式规则，代码如下：

```css
.btn-sign-switch{
    width:40px;
    height: 40px;
    background-image: url(imgs/btn-ewm.png);
    background-position: 0 -80px;
    background-repeat: no-repeat;
    background-size: 100%;
    margin: 10px 10px;
}
```

（15）在具有 class="btn-sign-switch" 的 <div> 内添加一个新的 <div> 元素，设置 class="switch-tip"，代码如下：

```html
<div class="login-register-content">
    <div class="btn-sign-switch">
        <div class="switch-tip">
            验证码登录 / 注册
        </div>
    </div>
</div>
```

（16）设置 switch-tip 的 CSS 样式规则，代码如下：

```css
.switch-tip{
    position : absolute; left : 70px; top : 15px; padding : 0 14px;
    border-radius : 4px; font-size : 12px; color : #666;
    line-height : 32px; text-align : center;
    box-shadow : 0 6px 13px 0 rgba( 0 , 0 , 0 , .1 );
}
.switch-tip::before{
    content : "" ; display : block; position : absolute;
    left :-15px; top : 7px; width : 0; height : 0;
    border-right : 8px #fff solid;
    border-top : 8px transparent solid;
    border-left : 8px transparent solid;
    border-bottom : 8px transparent solid;
}
```

备注：设置的 switch-tip::before 属性是 CSS 中的一种特殊选择器，主要用于在元素渲染时在元素的前部添加内容，此处用于制作一个指向左边的小三角形。

（17）设置 CSS 样式完成后，浏览器渲染效果如图 6-31 所示。

图 6-31　样式代码渲染效果图

（18）在具有 class="btn-sign-switch" 的 <div> 元素后面添加一个新的 <div> 元素，设置 class="scan-app-wrapper"，然后在其内部添加内容如下：

```html
<div class="scan-app-wrapper">
    <div class="scan-wrapper-one">XXX 直聘 APP 扫码登 </div>
    <div class="scan-wrapper-two">
        <img src="imgs/code.png" alt="">
    </div>
    <div class="scan-wrapper-three">
        <span> 暂无 App</span><span> 扫码帮助 </span>
    </div>
    <div class="scan-wrapper-four">客服电话 400-×××××× 工作时间：9:30-18:30</div>
    <div class="scan-wrapper-four">
        人力资源服务许可证  | 
        营业执照  | ×× 区人社局监督电话
    </div>
</div>
```

（19）设置 class="scan-app-wrapper" 的 CSS 样式规则，代码如下：

```css
.scan-app-wrapper {
    position : relative; width : 360px; margin : 0 auto;
    padding-top : 40px; text-align : center;
}
```

（20）设置 class="scan-wrapper-one" 的 CSS 样式规则，代码如下：

```css
.scan-wrapper-one{
    font-size : 22px; font-weight : 500;
    color : #222; line-height : 30px;
}
```

（21）设置 class="scan-wrapper-two" 的 CSS 样式规则，代码如下：

```css
.scan-wrapper-two{
```

```
   margin: 40px auto 20px auto;
}
.scan-wrapper-two > img{
   width :150px;
   height: 150px;
}
```

(22) 设置 class="scan-wrapper-three" 的 CSS 样式规则，代码如下：

```
.scan-wrapper-three {
   font-size : 14px; font-weight : 400;
   color : #666; line-height : 20px;
   margin : auto auto 50px auto;
}
.scan-wrapper-three > span:first-child {
   margin-right: 50px;
}
```

(23) 设置 class="scan-wrapper-four" 的 CSS 样式规则，代码如下：

```
.scan-wrapper-four{
   color : #8d92a1;
   font-size : 12px;
   text-align : center;
   line-height : 20px;
}
```

(24) 设置以上 CSS 样式规则后，浏览器渲染后效果如图 6-32 所示。

图 6-32　最终样式渲染后效果图

小结

本项目通过模拟某招聘网站的登录页面介绍了以下内容：
（1）内嵌样式的概念和如何在网页中使用内嵌样式表；
（2）CSS 选择器的概念和常用的三种选择器；
（3）CSS 的盒子模型的概念以及盒子模型组成的三个 CSS 属性；
（4）CSS 的绝对定位和相对定位的使用。

通过本项目的学习，希望读者能够掌握在网页中使用内嵌样式表修饰网页的结构和内容。同时能够利用 CSS 的盒子模型调整网页的布局，最后能够灵活使用绝对定位和相对定位，细微调整网页的布局。

本项目内容比较多，建议读者在仔细阅读本项目内容后，能够跟着本项目的练习完成项目，最后再通过练习题和课下自己的练习消化吸收本项目的内容和技能。

练习题

请仿照章节项目，完成仿照招聘网站简历上传页面的制作，其页面效果图如图 6-33 所示。

图 6-33　简历上传页面效果图

项目 7

某网上商城体验店网页制作

7.1 项目导入

在上一项目的学习中,小张同学对 CSS 有了进一步的认识,同时也做出了一个比较美观的网页。学习是不断积累的过程,小张同学想进一步深入学习 CSS,对自己发起新的挑战。

挑战的目标小张选取了某网上商城官网,经过搜索最终小张同学决定制作"某网上商城"体验店页面。

图 7-1 所示是某网上商城体验店网页的页面效果。

图 7-1 网上商城体验店页面效果

7.2 学习目标

7.2.1 职业能力
- 掌握扎实的计算机专业基础知识；
- 培养良好的学习能力；
- 培养优秀的动手实践能力。

7.2.2 知识目标
- 掌握 CSS 外部样式表的使用；
- 掌握 CSS 的子选择器、组合选择器的使用；
- 掌握 CSS 的伪类选择器（部分常用）的使用。

7.2.3 职业素养
- 践行社会主义核心价值观，充分学习技能，为社会发展做出贡献；
- 诚信待人，在学习工作中虚心请教；
- 热爱工作，为实现中华民族伟大复兴中国梦贡献自己的力量。

7.3 相关知识

7.3.1 CSS 外部样式表的使用

上一项目使用内嵌样式表来设置网页元素和内容的样式。那么，网页是不是只有行内样式表和内嵌样式表两种形式呢？

答案是否定的，还有一种称为外部样式表的 CSS 表示方法，本项目就使用外部样式表来完成网页外观的设置。

在讲解外部样式表之前，首先介绍为什么要使用外部样式表。

通过之前的学习，我们知道，不管行内样式表还是内嵌样式表都是写在网页内部的。也就是说，在 A 网页设置的样式是无法作用在 B 网页的。但是作为一个 Web 项目来说，一般要保持整体风格一致。在这种情况下，A 页面使用的很多样式，可能在 B 页面、C 页面等很多页面中都要使用。如果使用内嵌样式表定义了这些样式，那么只能通过复制粘贴的方式将 A 页面的内嵌样式表复制到其他页面中。

这样虽然能够达到要求，保证项目整体风格的一致，但是会引发两个问题：

（1）大量的网页会出现重复性的样式表代码，这会造成网页的代码冗余，加大网页的代码量，从而导致网页文件大小增加，下载速度变慢；

（2）如果要维护项目，修改网页的样式，那么就必须打开所有的页面一处处地进行重复性的修改，增大程序员的工作量，导致维护困难。

所以在这样的情况下，我们思考如何解决上述两个问题。

我们发现，多个网页具有相同的样式，这些相同的样式就是公共样式，那么能不能把这些公共样式从网页中独立出来，单独用一种文件来定义，然后让所有要使用这些公共样式的网页把样式导入到网页中？采用这样的方式，样式只要写一次，不用每个页面重复复制粘贴；且修改时只要修改样式文件即可，也不用每个页面都进行修改。

基于这样的理念，提出 CSS 样式表的第三种表示方法，也就是外部样式表。

使用外部样式表可以按以下步骤来完成：

STEP 1 创建一份文件，文件扩展名使用 .css。这样的文件称为外部样式文件。注意，在文件中，不需要写 <style> 标记，直接写样式规则即可，如图 7-2 ~ 图 7-4 所示。

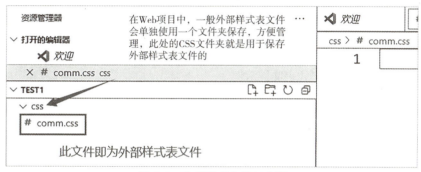

图 7-2　外部样式文件示意图

图 7-3　外部样式文件内定义样式规则示意图（错误写法）

图 7-4　外部样式文件内定义样式规则示意图（正确写法）

STEP 2 在要使用外部样式文件的网页中通过 <link> 标签引入外部样式文件。

<link> 标签的基本语法为：

```
<link type="text/css" rel="stylesheet"
            href=" 外部样式文件地址 "/>
```

其中，type 属性用于表示链接文件的类型，在 HTML5 规范里此属性可以省略。rel 表示连接的文件是样式表，href 用于描述链接的网页文件的地址。表 7-1 所示两种写法都是可以的。

表 7-1 引用外部样式文件的两种写法

示 例	说 明
<link type="text/css" rel="stylesheet" href="css/test.css"/>	链接当前项目 css 文件夹中的 test.css 样式文件到网页中
<link rel="stylesheet href="css/test.css"/>	

图 7-5 所示为网页引入外部样式表文件示例。

```
<!DOCTYPE html>
<html lang="en">
<head>
    <meta charset="UTF-8">
    <meta http-equiv="X-UA-Compatible" content="IE=edge">
    <meta name="viewport" content="width=device-width, initial
    <title>t1</title>
    <link rel="stylesheet" href="css/comm.css"/>
</head>
                              ↑
<body>                   引入外部样式文件
    <p>
        段落内容
    </p>
</body>
</html>
```

图 7-5 引用外部样式文件示例代码

最后通过打开浏览器渲染网页文件，发现外部样式表文件中定义的段落的样式规则被成功渲染到了网页文件的段落元素上，如图 7-6 所示。

图 7-6 外部样式文件示例代码效果图

7.3.2　CSS 的子选择器和组合选择器的使用

接下来继续介绍 CSS 的一些常用选择器。有些时候，想给网页中的某些元素设置样式，但是要求这些元素必须放在特定的元素之内，那么此时该如何设置这些元素的样式呢？

CSS 针对这种情况，提出了一种选择器。这种选择器称为子元素选择器。

在讲这个选择器之前，需要先介绍什么是父元素，什么是子元素。

所谓父元素，是指将其他元素包含起来的 HTML 元素；而被包含的处在第一层级的元素就称为子元素（注意必须是第一层级），如图 7-7 所示。

```
<div>
    <h1>title</h1>
</div>
```

父元素　子元素

图 7-7　父子元素示例代码

子元素选择器是专门用于定义特定子元素所使用样式的选择器。

其语法为：父元素选择器 > 子元素选择器

这里的父元素选择器和子元素选择器可以是 CSS 支持的其他选择器写法，如元素选择器、类选择器、ID 选择器等。

图 7-8 所示是子元素选择器的示例。

```
div > h1 {
    font-size:20px;
}
```

父选择择选择器　子元素选择器

图 7-8　子元素选择器示例

有时候，想把多种选择器的样式进行统一，针对这种情况，CSS 提出了组合选择器。

组合选择器的语法非常简单，就是把多个 CSS 选择器放在一起，中间用逗号进行分隔。这样只要符合这一组选择器其中的任何一个，网页元素都会使用到组合选择器所规定的 CSS 样式。

组合选择器示例如图 7-9 所示。

```
div , .container , p>span{
    color: aqua;
    font-size: 20px;
}
```

选择器1　选择器2　选择器3

图 7-9　组合选择器示例

7.3.3　CSS 的伪类选择器的使用

在 CSS 选择器中，以"：:"或者"::"开头的选择器称为伪类选择器。伪类选择器用于定义的是 HTML 元素在网页的某种特定状态，所以伪类选择器一般不单独使用，冒号前会放一个选择器，用于先定位网页中的元素，然后由伪类来设置元素的状态。这样当元素在网页中具有了对应状态后，就会使用对应伪类选择器规定的样式。

下面介绍两组常用的伪类选择器。

第一组伪类选择器，多用于超链接元素，见表 7-2。

表 7-2　超链接伪类选择器表

选择器名称	说　明	备　注
:link	未被点击（访问）的超链接	部分浏览器加载后默认超链接为访问过，所以导致此伪类样式设置有些浏览器上无法渲染出效果
:visited	已经访问的超链接	
:hover	鼠标悬浮在超链接之上	此伪类也可以使用在非超链接元素上
:active	鼠标移动到超链接上，左键按下还没有弹起的瞬间	

四种伪类选择器的示例如图 7-10 所示。

```
22    a:link      {color: blue;}
23    a:visited   {color: blue;}
24    a:hover     {color: red;}
25    a:active    {color: yellow;}
```

图 7-10　超链接伪类选择器示例代码

现在的网页制作中，还有一种伪类选择器用得也非常频繁，即"::before"和"::after"。这两个伪类选择器表示的是在浏览器渲染 HTML 元素前后动态给元素前、后添加带样式的内容。

注意：这里添加的内容不是在网页定义的时候写在元素之前的，而是在元素渲染阶段动态添加的。

例如，想给具有 class="bookname" 的 span 元素添加书名号，可能网页中有很多书名，如果一个个添加就很麻烦。此时就可以使用"::before"和"::after"来实现功能。

可以按如下步骤进行尝试。

STEP 1　在网页中所有的书名上添加 <span> 元素，并给其设置 class="bookname"，代码示例如下：

```
<span class="bookname">计算机基础</span>
<span class="bookname">网页开发与设计</span>
<span class="bookname">数据库技术基础</span>
```

STEP 2　在外部样式文件定义 CSS 样式规则，如图 7-11 所示。

```
32
33                       这个选择器也是一种组合写法，表示定位的网页中具有
                         class=bookename的span元素
34   span.bookname::before{
35       content:"《"
36   }                    这个用于表示动态添加在元素
                         之前的内容
37
38   span.bookname::after{
39       content:"》"
40   }                    这个用于表示动态添加在元素
                         之后的内容
41
42
```

图 7-11 before 和 after 伪类选择器示例代码

浏览器渲染后效果如图 7-12 所示。

图 7-12 浏览器效果图

可以给元素前后动态添加的内容进行 CSS 修饰。例如，想将上一个例子的书名号用红色、加粗表示，那么可以如图 7-13 所示的方式修改 CSS 样式规则。

```
34   span.bookname::before{
35       content:"《";
36       color: red;
37       font-weight: 600;
38   }
39
40   span.bookname::after{
41       content:"》";
42       color: red;
43       font-weight: 600;
44   }
```

图 7-13 增加文字颜色和加粗的代码示例

再次刷新浏览器后显示效果如图 7-14 所示。

Web 前端技术基础

图 7-14　修改样式代码后的效果图

7.3.4　display 属性的使用

display 属性在 CSS 中常用于控制元素按什么方式在页面中显示。

这个属性的用法很多，比较常见的有如下几种：

1. 使用 display 控制元素在网页中的显示与隐藏

在网页中，有时候想要隐藏某些元素。此时就可以使用 display 属性来实现这个操作。

display 的属性值中有个 none 值，表示元素不显示。所以，如果要隐藏某个元素，只要给该元素上添加 CSS 样式"display:none;"就可以实现隐藏该元素在网页中。

当然，在 CSS 中还有一个属性也可以控制元素的显示和隐藏，那就是 visibility 属性。其用法是"visibility:hidden;"。

上述两个属性的区别在于"display:none;"是通过将元素从文档流中删除从而实现元素的隐藏，但是"visibility:hidden;"仅仅是不显示该元素，元素在文档流中依然存在。

下面就是两种隐藏方式的区别：

（1）使用"display:none;"实现元素隐藏：

未使用"display:none;"的代码如下所示。

```
<style>
    div{
        width:50px;height: 50px;border:1px red solid;
        display: inline-block;
    }
</style>

<body>
    <div id="d1">d1</div>
    <div id="d2">d2</div>
    <div id="d3">d3</div>
</body>
```

渲染效果如图 7-15 所示。

图 7-15　未使用 display 样式页面效果示例

使用"display:none;"的代码如下所示。

```
<style>
    div{
        width:50px;height: 50px;border:1px red solid;
        display: inline-block;
    }
    #d2{ display: none; }
</style>

<body>
    <div id="d1">d1</div>
    <div id="d2">d2</div>
    <div id="d3">d3</div>
</body>
```

渲染效果如图7-16所示。此时d2消失,并且d1和d3挨在一起,表明d2的位置已经从文档流中删除了。

图 7-16　使用 display 样式页面效果示例

(2)使用"visibility:hidden;"实现元素隐藏:
未使用"visibility:hidden;"的代码如下所示。

```
<style>
    div{
        width:50px;height: 50px;
    border:1px blue solid;
        display: inline-block;
    }
</style>

<body>
    <div id="d1">d1</div>
    <div id="d2">d2</div>
    <div id="d3">d3</div>
</body>
```

渲染效果如图 7-17 所示。

图 7-17　未使用 visibility 样式页面效果示例

使用"visibility:hidden;"的代码如下所示。

```
<style>
    div{
        width:50px;height: 50px;border:1px blue solid;
    display: inline-block;
    }
    #d2{ visibility: hidden; }
</style>

<body>
    <div id="d1">d1</div>
    <div id="d2">d2</div>
    <div id="d3">d3</div>
</body>
```

渲染效果如图 7-18 所示。此时 d1 和 d3 中间有空距，这就是被隐藏的 d2，由此可以证明 d2 并没有从文档中删除。

图 7-18　使用 visibility 样式页面效果示例

2. 使用 display 控制元素在网页中是按行级元素显示还是块级元素显示

有时候想让两个 <div> 在同一行上显示，但是 <div> 是块级元素，每个 <div> 都必须单独占用一行；有的时候又想给 <span> 元素设置宽度和高度，但是 <span> 是行级元素，设置宽高是无效的。

那么，这个时候怎么处理呢？如果能改变元素的特性，把 <div> 变成行级元素或者把 <span> 变成块级元素就能解决这个问题了。

display 提供了如下几个属性值：

block：设置元素按照块级元素显示；

inline：设置元素按照行级元素显示；

inline-block：设置元素按照行内块级元素显示（就是既可以有行级元素的特性，每个元素不用单独占用一行；又保持块级元素的特性，能够设置元素的宽度和高度，比较常用）。

更多 display 属性的用法请读者参考 CSS 手册自行学习。

7.4 项目实施

请读者按以下步骤完成导入项目，项目中有部分 CSS 属性不属于本项目介绍内容，有兴趣可以查阅 CSS 手册。

（1）创建项目。在工作空间中创建文件夹，命名为 project-css-03，然后使用 Visual Studio Code 打开该文件夹，如图 7-19 所示 ~ 图 7-22 所示。

图 7-19　创建项目文件夹

图 7-20　打开项目文件夹

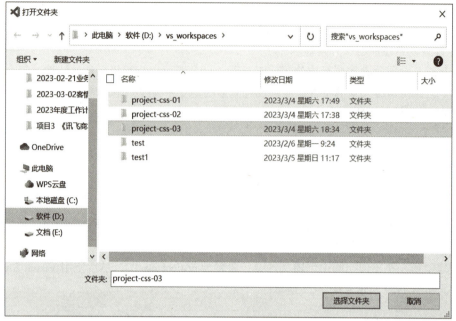

图 7-21 选择项目文件

图 7-22 打开项目文件夹后的项目结构图

（2）在项目根目录下创建 index.html，即 XXX 商城体验店页面，创建完成后如图 7-23 所示。

```html
<!DOCTYPE html>
<html lang="en">
<head>
    <meta charset="UTF-8">
    <meta http-equiv="X-UA-Compatible" content="IE=edge">
    <meta name="viewport" content="width=device-width, init
    <title>Document</title>
</head>
<body>

</body>
</html>
```

图 7-23 创建 index.html 网页

（3）在项目下新建目录 imgs，然后将课程资源中的 bg-01.jpg、bg-02.png 图片放入项目下的 imgs 目录下，如图 7-24 所示。

图 7-24　在项目下创建 imgs 并导入图片资源

（4）在项目下创建 css 文件夹，并在文件夹中创建 index.css 的外部样式文件，如图 7-25 所示。

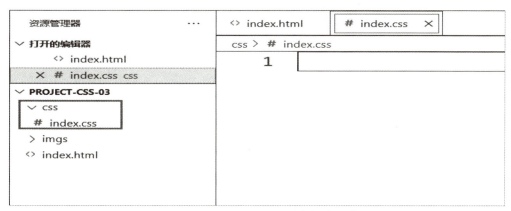

图 7-25　创建 index.css 外部样式文件

（5）将外部样式文件 index.css 导入到 index.html 网页中，如图 7-26 所示。

```
1   <!DOCTYPE html>
2   <html lang="en">
3   <head>
4       <meta charset="UTF-8">
5       <meta http-equiv="X-UA-Compatible" content="IE=edge">
6       <meta name="viewport" content="width=device-width, initial-scale=1.0">
7       <title>index</title>
8       <link rel="stylesheet" href="css/index.css">
9   </head>
10  <body>
11
12  </body>
13  </html>
```

图 7-26　在 index.html 中引入 index.css

（6）在 <body> 中添加 <header> 布局元素，用于定义网页首部的导航栏，其结构如下代码所示。

```html
<!-- 页面导航栏 -->
<header>
    <div class="header-container">
        <div class="header-logo"><a href="#"> </a></div>
        <ul class="nav-content">
            <li><a href="#">首页</a></li>
            <li><a href="#">XXXX官网</a></li>
            <li><a href="#">X粉之家</a></li>
            <li><a href="#">企业购</a></li>
            <li><a href="#">零售店</a></li>
            <li><a href="#">F码通道</a></li>
        </ul>
    </div>
</header>
```

（7）设置导航部分的 CSS 样式规则，其代码如下所示。

```css
*{
    /*设置所有的元素按照边框盒子计算宽度和高度*/
    box-sizing: border-box;
}
body{
    /*去除网页body的边距和填充*/
    margin: 0; padding: 0;
}
/*导航栏容器样式*/
.header-container{
    width: 100%;height: 80px;position: relative;
}
/*导航栏logo样式*/
.header-logo{
    background-image: url(../imgs/bg-02.png);
    background-repeat: no-repeat; width: 176px;height: 39px;
    background-size: 100%;margin: 20px 80px auto 230px;
    display: inline-block;
}
/*导航栏logo超链接样式*/
.hader-logo > a{
    text-decoration: none;
    display: block;width:100%;
    height: 100%;
}
```

(8) 设置导航栏中的无序列表的样式,样式定义代码如下:

```css
/* 导航栏中无序列表 ul 的样式 */
.nav-content{
    display: inline-block; width: 600px;height: auto;
    position: relative; top:20px
}
/* 导航栏中无序列表 ul 中的列表项 li 的样式 */
.nav-content > li{
    list-style : none; display : inline-block; margin : auto 5px;
}
/* 导航栏菜单项超链接样式 */
.nav-content > li > a{
    font-size : 14px; line-height : 30px;
    color : #3a3a3a; text-align : center;
    text-decoration: none;
}
/* 导航材料中超链接的悬浮伪类样式 */
.nav-content > li > a:hover{
    text-decoration : underline;
    font-weight : 400;
    color : aqua;
}
```

(9) 浏览器渲染后效果如图 7-27 所示。

图 7-27 "导航栏部分"浏览器渲染效果图

(10) 在 <header> 元素后添加 <div>,设置 class="home",用于定义网页正文内容部分,具体设置代码如下所示。

```html
<!-- 正文内容 -->
<div class="home">
    <div class="banner"></div>
    <div class="opts">
    </div>
    <div class="shop-block-list">
    </div>
</div>
```

（11）设置正文部分的 CSS 样式规则，代码如下所示。

```css
/* 定义正文容器 home 的样式 */
div.home{
    background-color : #f9f9f9; width : 100%;
}
/* 定义正文中宣传图的容器样式 */
div.banner{
    width : 100%; height : 400px;
    background-image : url(../imgs/bg-01.jpg);
    background-size : 120%; background-repeat : no-repeat;
    background-position : -100px 0;
}
```

（12）浏览器渲染之后，效果如图 7-28 所示。

图 7-28　浏览器渲染后效果图

（13）在具有 class="opts" 的 <div> 元素内容添加如下结构内容，代码如下所示。

```html
<div class="opts">
    <div class="selector-input-container">
        <div class="select-label">请选择所在地区：</div>
        <div class="selector-input">
            <select name="" id="">
                <option>重庆 / 重庆市</option>
            </select>
        </div>
    </div>
</div>
```

（14）给以上的 HTML 结构设置 CSS 样式，样式代码如下所示。

```css
/* 设置省份选择外容器样式 */
div.opts{
    position: relative;
    width : 100%; height : 62px; margin : 30px auto; }
/* 设置省份选择内容器样式 */
```

```css
div.selector-input-container{
    width : 400px; height : 42px; position : inherit; margin : auto;
}
/*设置省份选择外容器样式*/
div.select-label{
    display : inline-block; width :124px; height : 40px;
    line-height : 40px; font-size : 14px; color : #606266;
}
/*设置选择框外层div的样式*/
div.selector-input{
    display : inline-block; width : 219px; height : 40px;
}
/*设置选择框样式*/
div.selector-input>select{
    display : inline-block; width : 100%; height : 100%;
    outline : none; text-align : center;
    border : #dcdfe6 1px solid;
    border-radius : 2px;
}
```

（15）以上浏览器渲染之后效果如图 7-29 所示。

图 7-29　城市选择部分浏览器渲染后效果图

备注：因为网页中的省份选择部分具有动态功能，所以在本例中对此部分的样式进行了简化。

（16）在具有 class="shop-block-list" 的 <div> 中添加如下结构和内容，代码如下所示。

```html
<div class="shop-block-list">
    <div class="shop-block-list-item">
        <div class="item title">××××直营店（重庆新光天地）</div>
        <div class="tag">直营</div>
        <div class="item">10:00-22:00（周一——周日）</div>
```

```html
        <div class="item">
            <a href="#">重庆市渝北区龙溪街道××××××号重庆新光天地×××××</a>
        </div>
        <div class="item">1336825××××</div>
    </div>
    <div class="shop-block-list-item">
        <div class="item title">××××直营店（重庆龙湖时代天街）</div>
        <div class="tag">直营</div>
        <div class="item">10:00-22:00（周一——周日）</div>
        <div class="item">
            <a href="#">重庆市渝中区×××××××重庆龙湖时代天街×××××</a>
        </div>
        <div class="item">1912245××××</div>
    </div>
</div>
```

（17）在外部样式表中定义以上部分结构和内容的样式规则，具体样式代码如下所示。

```css
/*设置直营店列表容器样式*/
div.shop-block-list{
    background-color : #f9f9f9;
    width : 100%; position : relative; text-align : center;
    top :-10px; padding : auto auto auto 15px;
}
/*设置直营店列表项样式*/
div.shop-block-list-item{
    font-size : 14px; color : #666666; margin : auto 5px;
    width : 500px; height : 150px; display : inline-block;
    text-align : left; background-color : #fff;
    position : inherit; border-radius : 10px;
}
/*设置直营标记样式*/
div.tag{
    color : red; font-size : 12px; border : 1px solid red;
    padding : 0 5px; width :36px; height : 20px ; border-radius : 5px;
    position : absolute ; right : 15px ; top : 15px;
}
/*直营店模块中每一个信息条目所使用的样式*/
div.item{
    width : 400px; height : 32px ; margin : 0px auto 0px 30px;
    font-size : 14px; color : #666666; padding : auto auto auto 20px;
}
/*直营店中地址信息条目所使用的样式*/
```

```
div.item>a{
    color : #666666 ; text-decoration : none;
}
/* 直营店模块中标题信息条目所使用的样式 */
div.title{
    margin : 15px auto auto 15px; font-size : 16px; color : #000000;
}
```

(18) 浏览器渲染后,效果如图 7-30 所示。

图 7-30　直营店部分浏览器渲染后效果图

备注:因为图标要使用单独的样式文件,所以此处省略了图标,感兴趣的读者可以自行给网页添加小图标。

 小结

本项目通过某商城官网的直营店页面来介绍了以下内容:
(1)外部样式的概念和如何在定义使用外部样式表;
(2)CSS 的子元素选择器和组合选择器的使用;
(3)CSS 的伪类选择器的使用。

通过本项目的学习,读者能够更好地理解 CSS 在网页中的应用,能够更加灵活地使用 CSS 修饰网页,让网页变得更加美观。

本项目内容比较多,所以建议读者在仔细阅读本项目内容后,能够跟着本项目的练习完成章节项目,最后再通过项目练习题和课下自己的练习消化吸收本项目的内容和技能。

Web 前端技术基础

练习题

请仿照本项目，完成某商城购物车页面的部分内容，其页面效果图如图 7-31 所示。

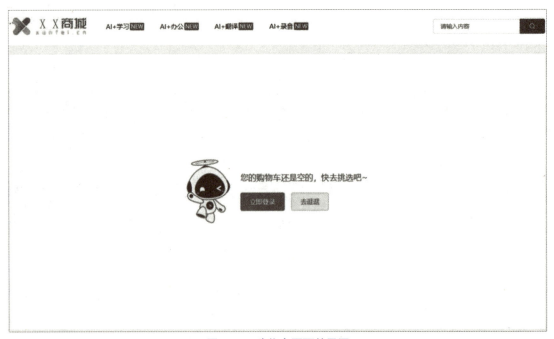

图 7-31 购物车页面效果图

项目 8

简易网页计算器

8.1 项目导入

经过前面项目的学习，相信读者已经掌握了制作网页结构的 HTML 语言，以及给网页外观美化的 CSS 层叠样式表，能够做出一个网页了。但是，这种网页用户只能观看，却无法进行交互。

所谓交互是指用户在浏览器进行操作（如单击、双击等），网页会给用户进行反馈（如弹出显示一个提示消息等）。把具有交互性的网页称为动态网页，没有交互性的网页称为静态网页。

在今天的网络应用程序中，网页的交互性是必不可少的，那么如何实现网页的交互性呢？这就需要 JavaScript 脚本语言，它是专门用于在浏览器端运行，给网页提供交互性的一种计算机编程语言。

今天来了一位新伙伴，他是小舒同学。小舒同学在网页看到了一个网页计算器，他很想自己也做一个网页计算器。

这个网页计算器功能比较简单，能进行加、减、乘、除四则运算。当用户进入页面时，会依次弹出三个输入对话框，分别要求输入两个数和一个运算符号（+、-、×、÷），如图 8-1 所示。

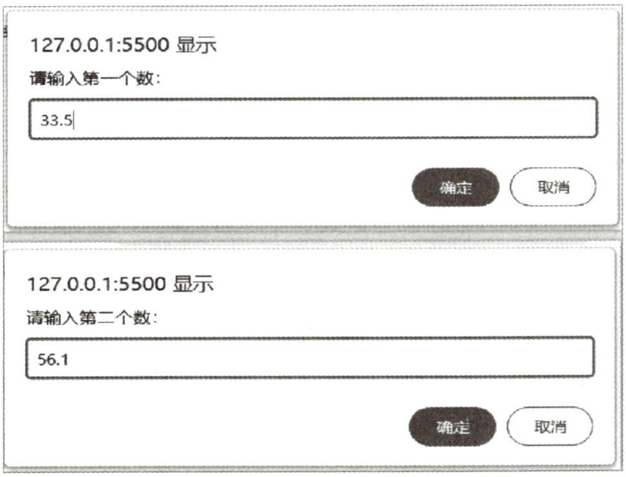

图 8-1 输入对话框

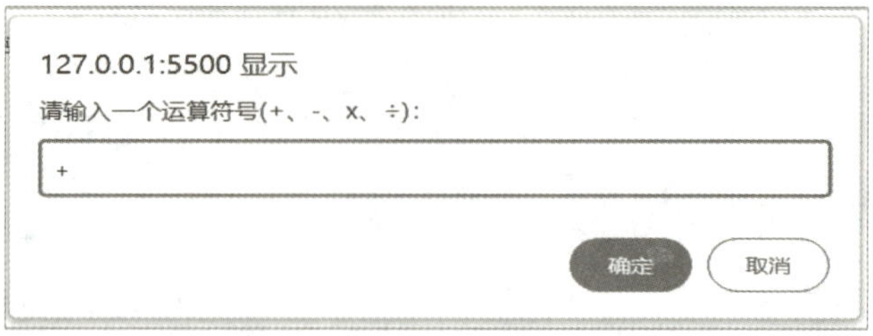

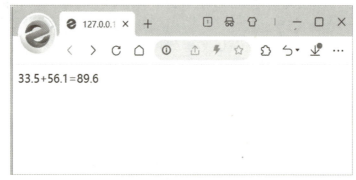

图 8-1 输入对话框（续）

在输入无误的情况下，在页面上打印计算算式，如图 8-2 所示。

图 8-2 显示结果信息

在进行除法运算时，除数不能为 0，否则打印错误信息。如果输入数字格式错误或者输入的运算符号错误，也会给出相应的警告提示信息，如图 8-3 所示。

图 8-3 提示错误信息

8.2 学习目标

8.2.1 职业能力
- 掌握扎实的计算机专业基础知识；
- 培养良好的学习能力；
- 培养优秀的动手实践能力。

8.2.2 知识目标
- 掌握 JavaScript 在网页中的三种使用方式；
- 熟悉变量、数据类型、运算符；
- 熟悉流程控制语句、输入和输出、程序注释。

8.2.3 职业素养
- 践行社会主义核心价值观，充分学习技能，为社会发展做出贡献；
- 诚信待人，在学习工作中虚心请教；
- 热爱工作，为实现中华民族伟大复兴中国梦贡献自己的力量。

8.3 相关知识

8.3.1 在网页中使用 JavaScript 程序

之前学习 CSS 样式表的时候，学习过样式表在网页中使用的三种方式，分别是行内样式表、内嵌样式表和外部样式表。JavaScript 脚本程序在网页中使用的方式刚好与 CSS 样式表的三种方式对应，即为行内脚本程序、内嵌脚本程序和外部脚本程序。

下面分别介绍这三种脚本程序的写法。

（1）行内脚本程序。将脚本程序写在 HTML 标签内的形式，就称为行内脚本程序。主要有两种表现形式：事件处理程序和伪 URL，下面分别介绍这两种形式的语法和示例。

首先是事件处理程序（事件会在后续项目讲行详细介绍），以下是其语法：

```
<HTML 标签名  事件监听器名称=" 事件处理程序代码 " />
<HTML 标签名  事件监听器名称=" 事件处理程序代码 "></HTML 标签名>
```

事件处理程序的示例代码：

```
// 简单程序直接写程序代码，一般为 1 句到 2 句代码片段
<button  onclick="alert('div1'); " >btn1</button>
// 复杂程序先定义函数，然后调用，sayHi() 即为函数调用
< button  onclick="sayHi();">btn2</button>
// 注意：本示例只是简单示范用法，省略了函数 sayHi 的定义，不能直接照着这段代码书写运行
```

（2）内嵌脚本程序。将程序写在网页内嵌的 <script> 标签之间，称为内嵌脚本程序。
<script> 标签可以在一个网页出现多对，其语法为：

```
<script type="text/javascript"></script>
```

按照 HTML5 规范，现在多简写为：

```
<script></script>
```

示例代码如下：

```
<head>
   <script> alert("hello world!");</script>
</head>
```

（3）外部脚本程序。在多个网页中如果需要使用共同的脚本程序，会将这些脚本程序写在一个单独的文件中，然后让所有的网页共同使用，称为外部脚本程序。

使用外部脚本程序，首先要定义一个脚本文件，以 .js 作为文件扩展名。然后在脚本文件中写入脚本程序代码（注意脚本文件中不能写 <script> 标签），最后在需要使用外部脚本程序的网页中通过 <script> 标签引入外部脚本文件中的程序。

下面我们来看一个示例。

首先定义外部脚本文件，如图 8-4 所示。

图 8-4　创建外部脚本文件

其次在外部脚本文件中写入脚本程序代码，如图 8-5 所示。

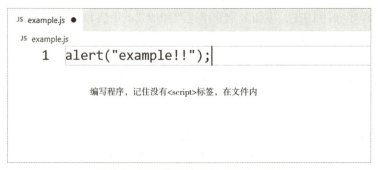

图 8-5　在外部脚本文件中写入程序

最后在需要使用的网页通过 <script> 标签引入外部脚本文件，如图 8-6 所示。

```
<head>
  <meta charset="UTF-8" />
  <meta http-equiv="X-UA-Compatible" content="IE=edge" />
  <meta name="viewport" content="width=device-width, initial-scale=1.0" />
  <title>Document</title>
  <script src="example.js"></script>
</head>
```

图 8-6　在网页中导入外部脚本文件

8.3.2　变量

在任何编程语言中，变量都是基础。变量就是内存中的一块存储空间，用于在程序运行期间存取程序的数据信息。可以把变量当作一个盒子，在程序中需要用到的数据就放在整个"盒子"（变量）中，需要用的时候从里面提取。

下面来看看如何在 JavaScript 中如何使用变量。

①变量的声明。用于定义一个变量。

语法 1：

```
var 变量名;        // 例如：var name;
```

语法 2：

```
let 变量名;        // 例如：let name;
```

备注：语法 2 是 javascript 第 6 版本提出的语法，语法 2 的变量使用更加严格。

②变量的赋值：将程序运行期间的数据放入变量中存储，语法如下：

```
变量名 = 数据值;        // 例如：age=18;
变量名 = 表达式;        // 例如：sum=2+3;
变量名 = 带返回值的函数调用();    // 例如：name=getName();
```

备注：带返回值的函数调用在后续函数部分专门讲解，大家暂时记住有这种用法即可。

③变量的调用：通过变量名提取变量中存储的数据在程序运行期间使用的过程，使用方式如下：

使用方式 1：将变量值提取用于表达式计算。例如：

```
var a=5; var b=6;  var c=a+b;
```

备注：上例中的 "a+b" 就是提取变量值用于计算表达式计算结果。

使用方式 2：将变量值用于函数传参（具体内容在项目 9 会讲解）。例如：

```
function sayHi(name){
    alert("hi,"+name);
}
var stuName="张三";
sayHi(stuName);
```

以上是变量的标准使用方法。但是有时候会将变量的声明和变量的赋值组合使用，称为变量的初始化。语法如下：

```
var 变量名 = 数据值;          // 例如：var age=18;
var 变量名 = 表达式;          // 例如：var sum=2+3;
```

```
    var 变量名 = 带返回值的函数调用 ();              // 例如；var name=getName();
```

备注：var 可以换成 let 使用。

8.3.3 数据类型概念

数据类型实质就是数据在内存中占用空间大小的表示。在使用变量保存数据的时候，必须告诉内存需要多大的空间来存储这个数据。因此在编程语言中，就提出了数据类型的概念。通过数据类型来规定某种数据占用内存空间的大小，这样在声明变量的时候，通过指定变量的数据类型就可以让内存知道应该分配多大的内存空间来存储该数据了。

需要说明的是，JavaScript 是一种"弱类型"语言，这种语言的特性是声明变量不需要显式声明变量的数据类型（所以在 JavaScript 中声明变量统一使用关键字 var 或者 let），变量的数据类型由赋予变量值的数据类型来确定。但是这并不是说 JavaScript 语言是没有数据类型的，请读者特别注意。

在 JavaScript 中，数据类型分为两类（见表 8-1）。

①值类型（基本类型）：包括字符串（String）、数字 (Number)、布尔 (Boolean)、空（Null）、未定义（Undefined）、Symbol 等。

②引用数据类型（对象类型）：对象 (Object)、数组 (Array)、函数 (Function)，还有两个特殊的对象：正则表达式（Regex）和日期（Date）。

表 8-1 JavaScript 数据类型

数据类型分类	数据类型关键字
Primitive：基本类型	Boolean、Null、Undefined、Number、String、Symbol ...
Object：对象类型	Array、Object、Function、Date、Regex

JavaScript 动态类型是指 JavaScript 的同一个变量在程序运行期间可以赋予不同数据类型的变量值，从而使相同的变量的数据类型不断发生改变的特性。示例代码：

```
var x;              // 声明变量 x，此时数据类型为 undefined
x=5;                // 将整数 5 赋予变量 x，此时变量 x 的数据类型为 number
x="Jack";           // 将字符串 Jack 赋予变量 x，此时 x 由 number 变成 string
```

8.3.4 常用的 JavaScript 数据类型

1. 数值型 number

在 JavaScript 语言中，数值包含整数和浮点数（数学中也称小数）。例如，以下数据都归属于数值型数据：

```
1   15   200 ...
2.5  3.14  576.345 ...
```

2. 字符串型 string

用于表示多个字符组成的集合，这种数据类型就是字符串。所谓的字符，就是单个的文字符号，可以是字母，也可以是数字，还有汉字等，在 JavaScript 中字符串数据使用一对单引号或者双引号保存。如下是字符串示例：

```
    var code="abc";    var numStr="123";    var name="张三";
```

在字符串中有一种特殊的字符串，被称为空字符串，其本质就是没有任何字符组成的字符串，一般用于表示一种空值。

```
空字符串：""
```

3. 布尔型 boolean

在程序中，表示真和假的数据定义为布尔型。布尔型只有两个值，真值用关键字 true 表示，假值用关键字 false 表示。例如：

```
var b=true;
```

4. undefined 型

如果声明了一个变量，没有给变量赋值，这种特殊的状态在 JavaScript 中被定义了一个数据类型，就是 undefined 型。例如：

```
var sex;
console.log(sex);  // 控制台输出 undefined
```

5. null 型

在 JavaScript 中，null 型的值就是 null，它是对象的占位符，表示对象还不存在。其本身也当作一种对象看待。经常把 null 用于声明一个对象变量时作为一种初始值赋予对象变量名。例如：

```
//null 用于声明对象但没有立刻创建对象时作为初始值
var stu=null;
```

8.3.5 运算符

运算符是用符号表示计算机的特定运算类型。在 JavaScript 程序中，运算是无处不在的。所以学习 JavaScript 语言，必须掌握常用基础的运算符的使用。

接下来介绍一些常用的运算符，更多的运算符内容可以在互联网搜索相关的资料进行学习。

1. 赋值运算符

赋值运算符的符号是"="。其作用是将"="右边的数据值赋予"="左边的变量名（这里与传统的数学思维是相反的），同时"="不是用于判断相等。

以下是赋值运算符的一些示例：

```
var name="jack";   var sex="man";    var age=18;
```

2. 算术运算符

算术运算符是用于进行四则运算的，其常用的有"+"（加法运算）、"-"（减法运算）、"*"（乘法运算）、"/"（除法运算）、"%"（模运算）、"++"（自增运算）、"--"（自减运算）。

3. 关系运算符

在程序中经常要进行判断，如张三的年龄是否比李四的年龄大、王五是不是未成年人等。这样的问题在程序中实质就是进行关系运算。JavaScript 提供了以下的关系运算符：">"（大于运算符）、"<"（小于运算符）、">="（大于等于运算符）、"<="（小于等于运算符）、"=="（等于运算符）、"==="（全等运算符）、"!="（不等于运算符）。

需要注意的是，"=="和"==="的相同点都是判断两个数据是否相等；不同之处在于"=="判断只判断数据值，不判断数据类型；而"==="既要判断数据类型，也要判断数据值。示例代码：

```
let num1="123"; let num2=123; console.log(a==b);        // 输出 true
let num1="123"; let num2=123; console.log(a===b);       // 输出 false
```

关系运算的结果是一个布尔值，也就是要么成立（true），要么不成立（false）。

4. 逻辑运算符

在复杂的条件中，往往会涉及多个关系的判断，然后把多个关系判断的结果进行综合，得出最终结果。例如，有三个同学：张三、李四和王五，我们想知道张三是不是三个同学中年龄最大的。那么首先可以判断张三的年龄是否大于李四，然后判断张三的年龄是否大于王五，最后在把前两次的判断结果进行综合，如果前两个判断结果都是成立的，那么就能证明张三是三个同学中年龄最大的。这种情况下就需要使用逻辑运算符来进行计算。

JavaScript 中的逻辑运算符，有如下三种：

&&：逻辑与，表达的含义是如果左右两边的关系运算结果都是成立的（true），那么最终结果才是 true；只要左右有一边结果是不成立的（false），那么最终结果就是 false。例如：

```
var age1=18, age2=17, age3=16;
console.log(age1>age2 && age1>age3);        // 输出 true
console.log(age2>age1 && age2>age3);        // 输出 false
```

||：逻辑或，表达的含义是如果左右两边的关系运算结果都是不成立的（false），那么最终结果才是 false；只要左右有一边结果是成立的（true），那么最终结果就是 true。例如：

```
var age1=18, age2=17, age3=16;
console.log(age1<age2 || age1<age3);    // 输出 false
console.log(age2>age1 && age2>age3);    // 输出 true
```

!：逻辑非，这个运算符的含义和数学中的负号很相似。"非假得真，非真得假"，具体我们看如下代码示例：

```
var age1=18, age2=17, age3=16;
console.log(age1>age2); // 输出 true
// 这里输出的是对 age1 大于 age2 的判断结果做逻辑非运算，
// 由于逻辑非的优先级比较高，所以要通过 "()" 运算符提升后面关系运算的优先顺序
//age1 大于 age2 条件成立，本来结果为 true，经过逻辑非运算，得到结果变为 false
console.log(!(age1>age2));
```

5. 扩展赋值运算符

在程序中，有时候要进行扩展赋值运算，示例代码如下：

```
var num=15;
num=num+15;
console.log(num);
```

在这里对 num 变量的值加了 15，然后把运算结果重新保存到变量 num 中。此时发现，这个表达式中 num 重复了两次，比较烦琐。所以在程序中，就定义扩展赋值运算符来解决这样的问题，上例中

的代码可以写成如下形式：

```
var num=15;
num+=15;
console.log(num);
```

可以看到上例中的第二行代码明显比之前简化了很多，这里使用的就是扩展赋值运算符。扩展赋值运算符的含义是：将"="左边的变量的值与"="右边的数据值使用"="左侧的运算符进行运算，并将运算符结果重新保存到"="左边的变量中。

JavaScript 提供的常用扩展赋值运算符有 +=、-=、*=、/=、%=。

8.3.6 程序流程控制结构

在 JavaScript 中，程序流程有三种基本结构，分别是顺序结构、分支结构和循环结构。

顺序结构是指程序自上而下执行，是程序最基础的结构。在这个基础上，衍生出了两种结构，分别是分支结构和循环结构。

分支结构表示的含义是，程序根据条件判断的结果，有选择地执行某一个程序片段的代码。请大家记住，核心词在选择。

循环结构表示的含义是，程序根据条件判断的结构，重新执行某一个程序片段的代码。请大家记住，核心词是重复。

分支结构有三种表现形式，分别是单分支、双分支和多分支，三种分支结构的结构图如图 8-7 ～ 图 8-9 所示。

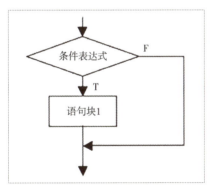

图 8-7　单分支结构图

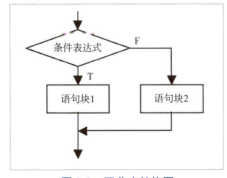

图 8-8　双分支结构图

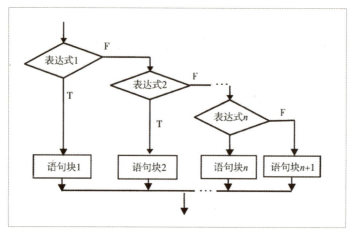

图 8-9 多分支结构图

下面分别介绍三种分支结构的使用方法。

（1）单分支。表达的含义是如果条件成立，就执行语句块 1；否则跳过语句块 1，执行之后的其他语句。

语法：

```
if(判断条件) {
    语句块1;
}
```

示例：

```
var age=18;
if(age>=18) {
    console.log("welcome! ");
}
console.log("end!");
```

（2）双分支。表达含义是如果条件成立，就执行语句块 1；条件不成立，就执行语句块 2。

语法：

```
if(判断条件) {语句块1;}else{语句块2;}
```

示例：

```
var age=18;
if(age>=18) {console.log("welcome! ");}
else{console.log("Age is illegal !");}
console.log("end!");
```

（3）多分支。表达含义是如果条件 1 成立，就执行语句块 1；条件 1 不成立则转入条件 2，如果成立就执行语句块 2，否则就转入条件 3。依此类推，如果所有条件都不成立，则执行最后一个语句块。

语法：

```
if(判断条件1) {语句块1;}else if(判断条件2){语句块2;}
else if(判断条件3){语句块3;}
…
else{语句块n;}
```

示例：

```
var age=18;
if(age>=18 && age<=105) {console.log("welcome! ");}
else if(age>0 && age<=17){ console.log("Age is illegal !"); }
else { console.log("Age is error !");}
console.log("end!");
```

接下来介绍循环结构。循环结构也是分为三种，分别是 while 循环、do...while 循环以及 for 循环。图 8-10 和图 8-11 是 while 循环、do...while 循环的结构图，for 循环的结构图和 while 循环是一致的。

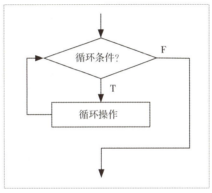

图 8-10 while 循环结构图

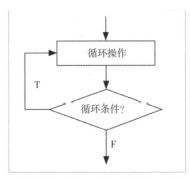

图 8-11 do...while 循环结构图

下面分别介绍三种循环结构的使用方法。

（1）while 循环：表达含义是先判断循环条件，如果循环条件成立，就执行循环操作的语句块；然后继续判断循环条件，条件成立再次执行循环操作语句块。直到某次循环条件不成立，则结束循环，执行循环之后的语句。这里需要注意，如果第一次循环的循环条件判断不成立，那么循环操作语句块一次也不执行。由于循环条件是先于循环操作的，所以这种循环也被称为先验循环（先验证条件，再进行操作），并且这种循环的执行次数是 0 或者 N 次。

语法：

```
while(循环条件) {  循环操作; }
```

示例：

```
var i=1;
while(i<=10) {
    console.log(i);  i++;
}
console.log("end!");
```

（2）do...while 循环：表达的含义是先执行循环操作语句块，然后再判断循环条件。如果条件成立，继续执行循环语句块，然后再次判断循环条件。直到某次循环条件不成立，则结束循环，执行循环之后的语句。这里需要注意，无论循环条件是否成立，循环操作语句块至少都会执行一次，所以这种循环的执行次数是 1 到 N 次。并且由于循环条件是后于循环操作的，所以这种循环也被称为后验循环（先执行操作，再验证条件）。

语法：

```
do {循环操作;} while (循环条件);
```

示例：

```
var i=1;
do {
   console.log(i);i++;
} while(i<=10);
console.log("end!");
```

（3）for 循环：for 循环的含义和 while 循环是一致的。可以这样理解，for 循环可以看作在语法上对 while 循环的一种简化，在编程过程中，for 循环的使用频率相对更高，应该重点掌握。

语法：

```
for(循环变量初始化; 循环条件;  迭代语句){
    循环操作;
}
```

示例：

```
for(var i=1; i<=10; i++) {console.log(i);}
```

最后补充几个细节点，请大家注意：
（1）循环变量：参与循环条件判断的变量称为循环变量，如之前例子中的变量"i"；
（2）循环变量初始化：声明循环变量并给循环变量立刻赋值的语句，如之前的例子的"var i = 1"；

（3）迭代语句：在循环中，每次循环改变循环变量值的语句。迭代语句是循环正确结束必不可少的，如之前例子的"i++"，但是请注意，迭代语句的表现形式不全都是"i++"；

（4）死循环：无法结束的循环就是死循环，程序中出现死循环就是逻辑错误；

（5）循环流程控制关键字：用于提前结束或者跳过某些循环次数的关键字。一共有两个，分别是 break（表示循环结束）和 continue（表示结束本次循环，继续进行下一次循环）。这两个关键字在循环操作中使用需要有分支结构的配合，即在某个条件满足的情况下，才结束循环或者结束当次循环；

（6）三种循环的使用场合：固定次数的循环（如编程开始就知道循环会执行 10 次或者 20 次这种）多使用 for 循环；不确定次数的循环（编程时不明确循环的执行次数，只有程序运行才知道）多使用 while、do...while 循环。

8.3.7 简单的输入和输出

在初学 JavaScript 的过程中，有时候需要一些简单的输入和输出用于验证程序，所以这里简单介绍输入和输出的使用。

输入在 JavaScript 里面可以借助浏览器提供的"输入弹窗"完成（注意实际开发中，并不会使用这种方式）。

以下是"输入弹窗"的示例代码：

```
var name=prompt( "请输入姓名：" );
```

以上代码浏览器渲染效果如图 8-12 所示。

图 8-12　浏览器输入弹窗

输出可以通过调用 console 对象的输出函数或者浏览器的消息框来完成。

以下是 console 对象输出函数示例代码：

```
console.log(123) ;          // 在控制台上输出整数 123
console.log("jack");        // 在控制台上输出字符串 jack
console.log(22+33);         // 在控制台上输出表达式运算结果
```

以上代码在浏览器中显示效果如图 8-13 所示。

图 8-13 在浏览器开发者工具栏的输出效果

备注：console 的输出内容需要在浏览器中打开"开发者工具栏"中看到，具体打开方法请自行了解。

此外，还可以使用浏览器的消息框进行输出。以下是浏览器的消息框输出的示例代码：

```
alert(123);        // 在消息框中输出整数 123
alert("jack");     // 在消息框中输出字符串 jack
alert(22+33);      // 在消息框中输出表达式运算结果
```

以上代码在浏览器运行的效果如图 8-14 所示。

图 8-14 浏览器消息框输出示例

8.3.8 程序注释

在程序中，有时候需要对代码进行解释说明，以方便自己和他人解读代码。这些解释说明不是程序，并不希望浏览器去解析运行它们。这个时候就要使用注释来告诉浏览器，此部分内容不需要解析。

注释是一个好的习惯，尤其是初学的时候，大家请多给自己的代码添加注释。

JavaScript 提供了以下注释。

第一种是单行注释，符号是双斜杆"//"，用于注释一行的内容，不能换行，多用于注释关键的语句或者变量；第二种是多行注释，符号是"/* 注释内容 */"，这部分的注释可以换行，多用于注释内容比较多的情况下。

以下是示例代码：

```
var name="jack";  // 变量 name 用于存储用户姓名
/*
    这里是多行注释
*/
```

8.4 项目实施

经过之前相关知识的学习，接下来完成实训项目"简易网页计算器"。这个项目相对比较简单，希望大家能够通过这个项目对相关知识有一个更加深入的理解和应用。

（1）创建项目文件夹，命名为 project-js-08，然后用 Visual Studio Code 打开项目文件夹，如图 8-15 所示。

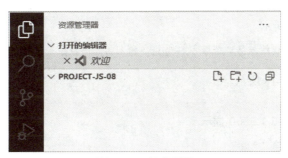

视频

简单计算器实现

图 8-15　新建项目

（2）在项目下，创建 HTML 网页文件 index.html，并在网页的 <head> 标签内添加 <script> 标签，内嵌 JavaScript 脚本程序，如图 8-16 所示。

```
1  <!DOCTYPE html>
2  <html lang="en">
3  <head>
4      <meta charset="UTF-8">
5      <meta http-equiv="X-UA-Compatible" content="IE=edge">
6      <meta name="viewport" content="width=device-width, initial-scale=1.0">
7      <title>Document</title>
8      <script>
9                              ← 内嵌脚本代码块
10     </script>
11 </head>
12 <body>
13
14 </body>
15 </html>
```

图 8-16　新建 index.html 页面

（3）在 <script> 中创建变量 num1，使用浏览器的"输入弹窗"接收用户输入的第一个数字，并赋值给变量 num1。代码如下所示。

```
var num1=prompt("请输入第一个数字：");// 输入第一个数字
```

浏览器运行效果如图 8-17 所示。

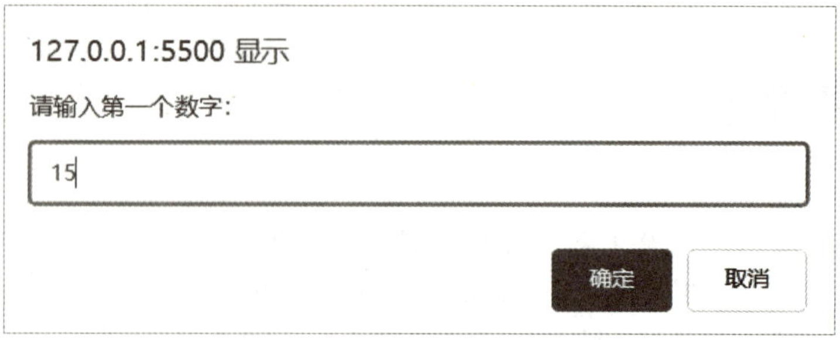

图 8-17　接收第一个输入数字

（4）在 <script> 中创建变量 num2，使用浏览器的"输入弹窗"接收用户输入的第二个数字，并赋值给变量 num2。代码如下所示。

```
var num2=prompt("请输入第二个数字：");//输入第二个数字
```

浏览器运行效果如图 8-18 所示。

图 8-18　接收第二个输入数字

（5）在 <script> 中创建变量 op，使用浏览器的"输入弹窗"接收用户输入的运算符号，并赋值给变量 op。代码如下所示。

```
var op=prompt("请输入运算符号（+ - × ÷ ）：");//输入运算符号
```

浏览器运行效果如图 8-19 所示。

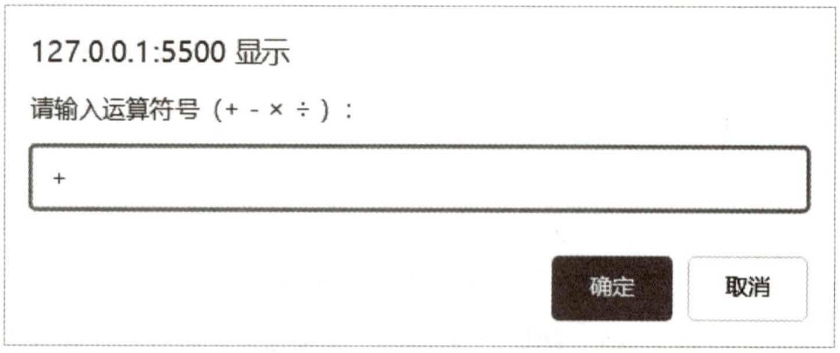

图 8-19　接收输入运算符号

（6）检测变量 num1 和 num2 的值是否是空字符串或者非数字的字符串。如果是，给出错误提示；否则执行步骤（7）的代码片段。这里是两种情况，所以需要使用程序结构中的双分支结构。另外，判断字符串是非数字字符串，可以使用 isNaN 函数实现。具体示例代码如下所示。

```
if( num1=="" || num2=="" || isNaN(num1) || isNaN(num2)){
    alert("输入的数字有错误，请输入正确的数字！！！");
}else{
}
```

浏览器运行，输入不正确的效果如图 8-20 所示。

图 8-20 输入错误提示

（7）在步骤（6）的代码的 else 部分添加程序代码。判断变量 op 中运算符号是否正确，并创建变量 opResult 保存运算符判断的结果，创建变量 result 保存计算的结果。运算符号有四种，这里可以使用多分支结构的 if...else if... 结构，也可以使用 switch 结构。这两种都是多分支，区别在于 switch 结构是用于多个相等值判断的多分支结构。另外，因为使用 prompt 输入弹窗得到的数字的数据类型是字符串，所以在运算之前需要使用 parseFloat 函数将字符串转换为数值。以下是示例代码：

```
else{
  var opResult=true;         // 声明 opResult 变量保存运算符判断结果，初始值为 true
  var result=0;              // 声明 result 保存运算的结果，初始值为 0
  switch(op){
    case "+" : result=parseFloat(num1)+parseFloat( num2);break;
    case "-" : result=parseFloat(num1)-parseFloat( num2);break;
    case "×" : result=parseFloat(num1)*parseFloat( num2);break;
    case "÷" : result=parseFloat(num1)/parseFloat( num2);break;
    default  : opResult=false;
  }
  // 此处添加步骤（8）的代码片段
}
```

（8）在步骤（7）的 switch 结构之后，添加一个双分支结构，判断条件是变量 opResult 的值，如果是真值，则输出运算结果；如果是假值，则输出"运算符错误！"的提示信息。代码如下所示。

```
if( opResult ){
    document.write( num1+op+num2+"="+result);
}else{
    alert("运算符错误!");
}
```

在浏览器运行程序代码后，如果正确，则结果如图 8-21 所示。

图 8-21　正确结果显示

如果不正确，则结果如图 8-22 所示。

图 8-22　错误结果显示

小结

本项目通过"简易网页计算器"介绍了 JavaScript 的如下知识点：
（1）JavaScript 代码在网页中的三种使用方式；
（2）变量的创建和使用；
（3）数据类型的分类和使用；
（4）运算符的分类以及常用运算符的含义；
（5）程序流程控制的分支结构和循环结构的使用；
（6）输入和输出的使用；
（7）程序注释的分类和使用。
通过对以上知识点的学习，读者可以初步掌握 JavaScript 最基础的内容，为后续学习打好基础。希望广大读者在学习过程中，参照本项目案例进行学习，多写代码进行验证。

练习题

1. 阐述 JavaScript 基本数据类型有哪些。
2. 编写程序，通过"输入弹窗"输入一个大于 1 的数字，然后计算 1 加到这个数字的结果，最后通过消息弹出输出计算结果。如果用户输入的是"空字符串"或者"非数字字符串",则给出错误提示。程序运行效果如图 8-23~图 8-25 所示。

图 8-23　输入数字

图 8-24　输入数字不正确提示信息

图 8-25　显示正确计算结果

项目 9

统计成绩单

9.1 项目导入

设计一个程序,要求能不断弹出输入成绩对话框。在输入成绩时,检测输入数据的合法性,如果输入的不是数字或输入内容为空,给出错误信息,继续弹出成绩对话框输入成绩,直到用户输入一个截止符号"!"为止。最后在页面上打印所有输入的有效成绩,打印的格式为每行四个。统计所有成绩的平均分、最高分、最低分并打印输出。最后输出一个链接"显示不及格信息"。用户单击该链接,如果成绩中没有不及格的,则弹出对话框提示没有不及格成绩。若有不及格成绩,则弹出对话框提示有不及格成绩。

9.2 学习目标

9.2.1 职业能力

- 掌握扎实的计算机专业基础知识;
- 培养良好的学习能力;
- 培养优秀的动手实践能力;
- 函数编写能力;
- 代码实现业务逻辑;
- 综合运用知识实现业务代码。

9.2.2 知识目标

- 熟悉 JavaScript 的常用内置对象;
- 熟悉字符串对象、数组对象、日期对象的常用函数;
- 熟悉自定义函数的使用。

9.2.3 职业素养

- 践行社会主义核心价值观，充分学习技能，为社会发展做出贡献；
- 诚信待人，在学习工作中虚心请教；
- 热爱工作，为实现中华民族伟大复兴中国梦贡献自己的力量。

9.3 相关知识

9.3.1 JavaScript 常用内置对象

所谓的内置对象就是 JavaScript 自带提供给开发者使用的对象，具有一些程序中常用的基本功能。在 JavaScript 语言中，比较常用的内置对象有如下几种：

（1）Math 对象：提供了常用的数学运算函数，用于进行数学计算；
（2）Date 对象：用于表示日期时间的对象，提供了对日期时间的操作；
（3）String 对象：用于表示字符串数据的对象，提供了对字符串的操作；
（4）Array 对象：数组对象，用于保存多个数据，并提供了对应的数据操作。

9.3.2 Math 对象的使用

Math 对象不需要通过关键字 new 创建，直接通过 Math 就可以调用对象的属性和函数。在 JavaScript 中，Math 提供了众多的属性和函数可供我们使用，这里只列出常用的，更多的相关属性和函数可以查阅"JavaScript"手册学习。

Math 对象的常用属性见表 9-1。

表 9-1　Math 对象的常用属性

属 性 名	描 述
PI	圆周率

Math 对象的常用函数见表 9-2。

表 9-2　Math 对象的常用函数

函 数 名	描 述
random()	获取 0~1 之间的随机浮点数
round(x)	四舍五入
pow(x,y)	返回 x 的 y 次幂

9.3.3 Date 对象的使用

Date 对象是用于处理日期和时间的对象，可以通过以下四种方式来创建一个日期时间对象。示例代码如下：

```
var date1=new Date();                    // 获取系统运行此句代码的日期时间
var date2=new Date(213432432432);        // 通过毫秒值获取对应的日期时间
```

```
var date3=new Date("October 13,1975 15:33:33");   //通过日期字符串创建日期时间
var date4=new Date(2023,4,3);                     //创建指定年、月、日的日期时间
var date5=new Date(2023,4,3,15,45,42);//创建指定年、月、日、时、分、秒的日期时间对象
```

以上代码运行后的效果如图 9-1 所示。

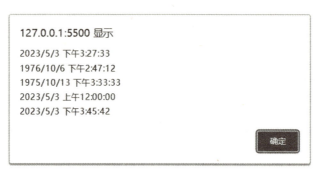

图 9-1　多种方式创建 Date 对象运行结果

注意：在通过月份指定日期的时候，月份值要在实际月份数值上减去 1，如上例中的 2023 年 5 月的日期，在创建对象的时候传入的参数是 4，请特别注意这一点。以下代码是示例：

```
var date1=new Date(2023,0,1);      //2023年1月1日
var date2=new Date(2023,1,1);      //2023年2月1日
var date3=new Date(2023,2,1);      //2023年3月1日
```

Date 对象比较常用的函数见表 9-3。

表 9-3　Date 对象常用函数

函数名	描述
getFullYear()	返回日期中的四位年份
getMonth()	返回日期中的月份
getDate()	返回日期中的本月几号
setFullYear()	设置日期的年份
setMonth()	设置日期的月份
setDate()	设置日期的本月几号
getTime()	获取日期从 1970 年 1 月 1 日午夜到指定日期（字符串）的毫秒数
toLocaleDateString()	根据本地时间格式，把 Date 对象的日期部分转换为字符串
toLocaleTimeString()	根据本地时间格式，把 Date 对象的时间部分转换为字符串

9.3.4　String 对象的使用

在网页中，字符串是使用频率非常高的数据类型之一。JavaScript 提供了 String 对象专门用于对字符串进行操作。创建 String 对象有两种方式，代码示例如下：

```
var str1=new String( "test1" );    //标准模式创建字符串对象
var str2="test2";                  //简化模式创建字符串对象
```

字符串对象的常用属性见表 9-4。

表 9-4 字符串对象的常用属性

属 性 名	描 述
length	字符串的长度

字符串对象的常用函数见表 9-5。

表 9-5 字符串对象的常用函数

函 数 名	描 述
startsWith()	查看字符串是否以指定的子字符串开头
endsWith()	判断当前字符串是否是以指定的子字符串结尾（区分大小写）
indexOf()	返回某个指定的字符串值在字符串中首次出现的位置
trim()	去除字符串两边的空白
substring()	提取字符串中两个指定的索引号之间的字符
split()	把字符串分割为字符串数组

更多的函数可以参看 JavaScript 手册。

9.3.5 Array 对象的使用

在 JavaScript 中，有时候需要使用一个变量名称保存多个相关的数据信息。这个时候可以使用数组对象来进行操作。可以把数组看作一个升级版的变量，与变量的区别就在于一个变量只能保存一个值，而一个数组可以保存无数个值，并且在程序运行期间还可以动态给数组添加数据值。

数组对象的创建按如下代码所示语法进行：

```
var arr1=[ ];                    // 创建一个空数组对象，空数组就是没有保存任何值的数组
var arr2=[value1,value2];        // 创建一个具有两个值的数组对象，这里的 value1 和 value2
代表数组保存的值，可以是任何数据类型的值，例如：
var arr3=[11,22,33];             // 保存三个整数的数组
var arr4=[ "ab","cd","ef"];      // 保存三个字符串的数组
```

这里有几个数组相关的概念，大家需要掌握。

（1）数组元素：数组中保存每个数据值的空间称为一个数组元素，如上例中的数组对象 arr3 里面保存了三个整数，也就意味着数组 arr3 有三个元素位；

（2）数组索引（下标）：因为数组的元素位都是用同一个数组名称，所以为了区分不同的元素位，给每个元素位使用一个整数进行编号（这个整数从 0 开始计算），把这个整数编号称为数组索引，有些书也称数组下标，所有的数组元素位要通过数组索引访问，语法是：数组名[索引值]，例如访问数组 arr3 的第一个元素位，就是 arr3[0]；

（3）数组元素值：在数组的元素位里面存储的具体数据值，就是数组元素值。

JavaScript 也为数组对象提供了一些常用属性和函数，方便数组进行数据操作。

数组对象常用属性见表 9-6。

表 9-6 数组对象常用属性

属 性 名	描 述
length	设置或者返回数组中的元素个数

数组对象常用函数见表 9-7。

表 9-7 数组对象常用函数

函 数 名	描 述
push()	将新元素添加到数组的末尾,并返回新的长度
pop()	删除数组的最后一个元素,并返回该元素
forEach()	为每个数组元素调用函数
filter()	使用数组中通过测试的每个元素创建新数组
every()	检查数组中的每个元素是否通过测试
join()	将数组的所有元素连接成一个字符串

9.3.6 函数的使用

在学习函数的时候,首先要明白函数的概念。

假设程序中有一个功能,这个功能是在控制台上输出 1 ~ 10 的数字,用代码实现如下:

```
//程序其他代码
for( var i=1; i<=10; i++ ){
    console.log(i);
}
//程序其他代码
```

如果这个功能在程序中会反复用到,那么代码就是这样如下代码所示。

```
//程序其他代码
for( var i=1; i<=10; i++ ){
    console.log(i);
}
//程序其他代码
for( var i=1; i<= 10;i++ ){
    console.log(i);
}
//程序其他代码
```

经过观察可以发现,同样的功能代码出现多次,会造成代码冗余,并且不利于维护(所谓维护是指如果重复的代码需要修改,则要修改很多次)。那么,有没有更好的办法来解决这个问题呢?由此提出函数的概念。

所谓函数是指在程序中反复出现的功能代码片段,将这些代码片段从程序中抽离,然后用统一的形式进行封装,最后在需要执行的地方调用。这样的用统一形式定义和调用的代码片段就称为函数。

函数的两大特点：①函数的代码只需要定义一次；②函数的调用可以无数次，且每调用一次函数都是将函数定义的代码重复执行一次。

使用函数要分为两个步骤。

（1）函数的定义：

函数的定义遵循如下语法：

```
function 函数名（[ 形参列表 ]）{
    函数体；
}
```

请注意以下几个细节：

① function 是关键字，大小写必须一致；

② 函数名是自定义的，要求最好见名知意，且以动词开头；

③ [] 在语法中表示可以省略，也就意味这以上语法中的形参列表是可以写，也可以不写的（根据函数功能确定），请不要在定义函数的时候把这一对 [] 写进去；

④ () 是语法规定的，必须写；

⑤ 形参列表是指函数执行需要放入的数据，其语法就是：参数名1,…,参数名n；

⑥ 函数体是函数功能的实现代码。

以下代码是几种不同的函数定义：

```
// 无参函数
function sayHi(){
  alert("hello");
}
// 有参函数
function saySomeoneHi(name){
    console.log( "hello,"+name );
}
```

有些函数是具有返回值的。所谓返回值是指函数执行完毕后给函数的调用者返回的结果。

函数的返回值在函数体中使用 return 关键字进行声明，如下代码所示。

```
function sum( a, b ){
    return a+b;        // 函数的返回值
}
```

所以，根据函数是否具有参数和返回值，可以把函数分为四类，即有参有返回、有参无返回、无参有返回、无参无返回。

（2）函数的调用：

函数的调用遵循如下语法：

```
函数名（ [ 实参列表 ] ）
```

请注意以下几个细节：

① 调用的函数名必须和定义的函数名保持大小写一致；
② [] 在语法中表示可以省略；
③ 实参的数量与形参要一致。
以上函数定义中示例在这里的调用如下代码所示。

```
sayHi( );
sayHi( "张三" );
var result=sum(3,4);  // 这里的变量result用于接收函数返回值
```

9.4 项目实施

（1）创建项目文件夹，命名为 project-js-09，然后用 Visual Studio Code 打开项目文件夹，如图 9-2 所示。

视频
统计成绩单实现

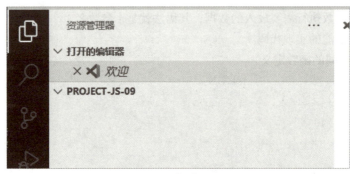

图 9-2　新建项目

（2）在新项目中创建文件 index.html，并在文件中输入"！"使用工具快捷方式生成 HTML 文档基本结构，如图 9-3 所示。

图 9-3　生成 HTML 网页

（3）在 index.html 的 <head> 标签内添加内嵌 JavaScript 脚本标签 <script>，如图 9-4 所示。

项目 9　统计成绩单

```
1   <!DOCTYPE html>
2   <html lang="en">
3   <head>
4       <meta charset="UTF-8">
5       <meta http-equiv="X-UA-Compatible" content="IE=edge">
6       <meta name="viewport" content="width=device-width, initial-scale=1.0">
7       <title>Document</title>
8       <script>
9                           内嵌脚本程序区域
10
11      </script>
12  </head>
13  <body>
14
15  </body>
16  </html>
```

图 9-4　添加 <script> 标签

（4）声明一个数组对象 scores 用于保存用户输入的学生成绩，代码如下所示。

```
<script>
  var scores=[ ];
</script>
```

（5）使用 for(;;) 循环接收用户输入的成绩（假设成绩都是合法范围），并赋予数组 scores 对象保存，如果输入不是数字或者空，则给出错误提示，并使用 continue 关键字结束本次循环，继续进行下一次用户输入；如果输入 "！" 则使用 break 关键字结束循环。代码如下所示。

```
var scores=[];
for(;;){
    var inp=prompt("请输入成绩：");
    if(inp=="!"){
        break;
    }
    if(isNaN(inp)){
        alert("输入的不是正确成绩！");
            continue;
    }
    scores.push(parseFloat(inp));
}
```

以上代码运行效果如图 9-5～图 9-7 所示。

149

图 9-5 输入成绩

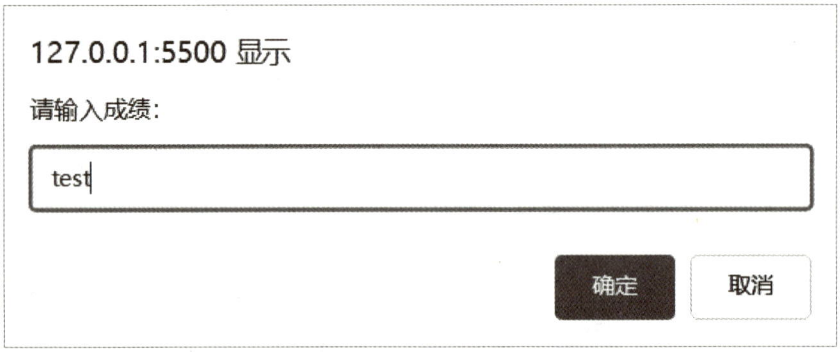

图 9-6 输入错误成绩

图 9-7 输入错误成绩提示

（6）循环遍历数组 scores，在循环中判断数组的索引加 1 的值，如果能被 4 整数，那么输出当前索引位置的成绩的时候添加一个
 标签换行。否则，输出当前索引位置的成绩，添加 " "空格。代码如下所示：

```
// 此处代码添加在步骤（5）代码之后
for(var i=0; i<scores.length; i++) {
  if((i+1)%4==0){
    document.write(scores[i]+"<br>");
  }else{
    document.write(scores[i]+"  ");
  }
}
```

以上代码运行后的效果如图9-8所示。

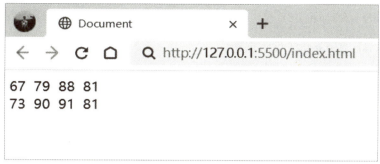

图9-8　输出有效成绩

（7）创建变量sumScore、avgScore、maxScore、minScore、num用于统计总分、平均分、最高分、最低分和不及格人数，通过循环遍历数组计算并给对应的变量赋值。代码如下所示。

```
var sumScore=0 ,avgScore=0 ;
var maxScore=0 ,minScore=scores[0], num=0;
for(var i=0; i<scores.length; i++){
    sumScore+=scores[i];
    if(scores[i]>maxScore){
        maxScore=scores[i];
    }
    if(scores[i]<minScore){
        minScore=scores[i];
    }
    if(scores[i]<60){
        num++;
    }
}
avgScore=sumScore/scores.length;
```

（8）定义函数showNum，用于输出是否有不及格成绩的相关信息，代码如下所示。

```
function showNum(){
    if(num==0){
        alert("没有不及格的人！");
    }else{
        alert("不及格的人数是"+num+"人！");
    }
}
```

（9）输出平均分、最高分、最低分以及用于显示不及格人数的超链接，在超链接上通过伪URL调用自定义函数showNum，代码如下所示。

```
document.write("<br>平均分："+avgScore+"<br>");
```

```
document.write("最高分："+maxScore+"<br>");
document.write("最低分："+minScore+"<br>");
document.write("<a href='javascript:showNum();'>显示不及格信息</a>");
```

浏览器运行结果如图 9-9 和图 9-10 所示。

```
89  87  76  84
45  34
平均分：69.17
最高分：89
最低分：34
显示不及格信息
```

图 9-9　输出成绩信息

```
127.0.0.1:5500 显示

不及格的人数是2人！

                              确定
```

图 9-10　显示不及格信息

小结

本项目通过"学生成绩统计"介绍了 JavaScript 的如下知识点：
（1）JavaScript 内置对象的概念；
（2）Math 对象的常用属性和函数；
（3）Date 对象的常用属性和函数；
（4）String 对象的常用属性和函数；
（5）Array 对象的常用属性和函数；
（6）函数的定义和使用。

通过以上知识的学习，读者可以对 JavaScript 有了进一步的认识和了解。希望大家在学习过程中，多练习、多记忆、多总结，不断熟悉知识和技能。

练习题

计算银行卡余额,要求如下:
(1)用户输入总的银行卡金额,依次输入本月花费的电费、水费、网费;
(2)页面打印一个表格,计算出本月银行卡余额。

项目 10 调色板

10.1 项目导入

本项目旨在帮助读者深入了解 JavaScript 事件及其应用。在学习之前，读者需要具备 JavaScript 基础知识和 HTML/CSS 基础知识。在本项目中将会完成一个调色板的应用。

项目最终效果：页面上有三个颜色的调色板且层层嵌套，鼠标指针在页面上移动时会有一个小圆点始终跟随鼠标移动，当单击某个调色板后，将小圆点颜色随之更改为该调色板的颜色，每次单击时在左下角记录用户的操作，如图 10-1 所示。

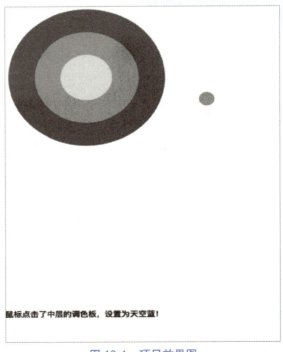

图 10-1 项目效果图

项目 10　调色板

10.2　学习目标

10.2.1　职业能力
- 掌握扎实的计算机专业基础知识；
- 培养良好的学习能力；
- 培养优秀的动手实践能力。

10.2.2　知识目标
- 了解 JavaScript 事件模型；
- 掌握 JavaScript 事件处理程序的编写方式；
- 熟练使用常用事件对象，如鼠标事件、键盘事件等；
- 能够使用事件对象获取相关信息，并对事件进行控制。

10.2.3　职业素养
- 践行社会主义核心价值观，充分学习技能，为社会发展做出贡献；
- 诚信待人，在学习工作中虚心请教；
- 热爱工作，为实现中华民族伟大复兴中国梦贡献自己的力量。

10.3　相关知识

JavaScript 事件是 Web 开发中非常重要的概念。事件是用户在 Web 页面中执行的操作，如单击、滚动、键盘输入等。在 JavaScript 中，事件可以使用事件处理程序来响应和处理。

下面介绍 JavaScript 事件的相关知识，包括事件类型、事件处理程序、事件对象以及事件流等。

10.3.1　事件类型

JavaScript 支持许多不同类型的事件，包括鼠标事件、键盘事件、表单事件等。以下是一些常用的事件类型：

1　鼠标事件

鼠标事件是指发生在鼠标操作上的事件，如单击、双击、悬停、拖动等。常见的鼠标事件有：

（1）单击事件（click）：当鼠标在某个元素上单击时触发；

（2）双击事件（dblclick）：当鼠标在某个元素上双击时触发；

（3）悬停事件（mouseover/mouseout）：当鼠标悬停在某个元素上时触发，分别表示鼠标移入和移出；

（4）拖动事件（drag/drop）：当鼠标在某个元素上按住并移动时触发，分别表示拖动和放置。

2　键盘事件

键盘事件是指发生在键盘操作上的事件，如按键按下、按键松开等等。常见的键盘事件有：

(1)按键按下事件(keydown):当用户按下某个键时触发;
(2)按键松开事件(keyup):当用户松开某个键时触发;
(3)输入事件(input):当用户在输入框中输入文本时触发。

3. 表单事件

表单事件是指发生在表单操作上的事件,如提交表单、重置表单、聚焦等。常见的表单事件有:
(1)提交表单事件(submit):当用户提交表单时触发;
(2)重置表单事件(reset):当用户重置表单时触发;
(3)聚焦事件(focus):当用户将光标聚焦在某个表单元素上时触发;
(4)失焦事件(blur):当用户将光标从某个表单元素上移开时触发。

4. 窗口事件

窗口事件是指发生在窗口操作上的事件,如页面加载、页面卸载、窗口滚动等。常见的窗口事件有:
(1)页面加载事件(load):当页面加载完成时触发;
(2)页面卸载事件(unload):当用户离开页面时触发;
(3)窗口滚动事件(scroll):当用户滚动窗口时触发。

5. 其他事件

除了上述事件类型之外,JavaScript 还提供了一些其他类型的事件,例如:
(1)改变事件(change):当表单元素的值改变时触发,如下拉框选项的改变;
(2)动画事件(animationstart/animationend):当 CSS 动画开始或结束时触发;
(3)过渡事件(transitionstart/transitionend):当 CSS 过渡开始或结束时触发;
(4)视频/音频事件(play/pause/ended):当视频或音频播放、暂停或结束时触发。

10.3.2 事件处理程序

事件处理程序是一段 JavaScript 代码,用于响应和处理特定的事件。在 HTML 中,事件处理程序通常作为 HTML 属性添加到 HTML 标记中,例如:

```
<button onclick="alert('Hello, world!')">点击我</button>
```

在上面的示例中,当用户单击按钮时,alert 函数会执行并显示一个消息框。

事件处理程序也可以通过"行内脚本程序"的方式,使用"事件绑定"添加到 HTML 标签上,示例代码如下:

```
<button id="myButton">点击我</button>
<script>
document.getElementById("myButton").onclick= function () {
    alert("Hello, world!");
}
</script>
```

或者使用"事件监听",添加到 HTML 标签上,示例代码如下:

```
<script>
```

```
    document.getElementById("myButton")
        .addEventListener("click", function () {
                    alert("Hello, world!");
        });
</script>
```

小提示：

JavaScript 中可以使用两种方式来绑定事件处理程序：

- 使用 on 属性绑定事件处理程序；
- 使用 addEventListener() 方法绑定事件处理程序。

这两种方式之间的主要区别如下：

（1）绑定多个事件处理程序：addEventListener() 可以为同一元素添加多个事件处理程序，而 on 属性只能为同一事件添加一个事件处理程序；

（2）事件处理程序移除：使用 addEventListener() 方法添加的事件处理程序可以使用 removeEventListener() 方法进行删除，而使用 on 属性添加的事件处理程序只能使用 on 属性赋值为 null 来删除；

（3）事件捕获和事件冒泡：addEventListener() 方法支持事件捕获和事件冒泡两种方式（该方法接收三个参数：事件类型、事件处理函数和一个可选的布尔值，用于指定是使用事件捕获还是事件冒泡，如果第三个参数为 true，则使用事件捕获，如果为 false（默认值），则使用事件冒泡），而 on 属性只支持事件冒泡；

（4）IE8 及以下浏览器支持：addEventListener() 方法不支持 IE8 及以下版本的浏览器，而 on 属性则可以在所有浏览器中使用。

综上所述，虽然使用 on 属性绑定事件处理程序比较简单，但使用 addEventListener() 方法更为灵活，特别是在需要为同一元素添加多个事件处理程序或删除事件处理程序时，使用 addEventListener() 方法更加方便。

10.3.3 事件对象

在事件发生时，JavaScript 会创建一个事件对象，该对象包含有关事件的详细信息。事件对象可以用于获取有关事件的信息，如事件的类型、目标元素、鼠标位置等。以下是一些常用的事件对象属性：

- type：事件的类型；
- target：事件的目标元素；
- clientX/clientY：鼠标在窗口中的水平/垂直位置；
- keyCode：按下的键的 ASCII 值。

以下是一个使用事件对象的示例：

```
document.addEventListener("keydown", function (event) {
    if(event.keyCode===13) {
        alert("Enter 键被按下了 ");
    }
});
```

在上面的示例中，当用户按下任何键时，相应的事件处理程序会执行，并检查按下的键是否为 Enter 键。如果是，将会显示一个消息框。在处理函数中的参数 event 就是事件对象。

大家可以自行在处理函数中通过 console.log(event) 来打印事件对象以查看其全部属性。

10.3.4 事件流

事件流是指浏览器在捕获和冒泡阶段中处理事件的顺序。当一个元素触发一个事件时，事件会从它的祖先元素中的最外层元素开始传播，一直传播到目标元素，然后再从目标元素开始传播，一直传播到最外层的祖先元素。这个过程就是事件流。

1. 事件流的原理

事件流分为三个阶段：捕获阶段、目标阶段和冒泡阶段。

（1）捕获阶段：事件从最外层的祖先元素开始传播，一直传播到目标元素的父元素。在捕获阶段，事件会从外向内进行处理，即从最外层的祖先元素向目标元素逐层传播，直到到达目标元素的父元素。

（2）目标阶段：事件到达目标元素后，会触发目标元素上的事件处理程序。在目标阶段，事件只会在目标元素上进行处理。

（3）冒泡阶段：事件从目标元素开始传播，一直传播到最外层的祖先元素。在冒泡阶段，事件会从内向外进行处理，即从目标元素向最外层的祖先元素逐层传播，直到到达最外层的祖先元素。

在默认情况下，大部分事件都会按照冒泡阶段进行处理。也就是说，事件会从目标元素开始传播，一直传播到最外层的祖先元素。但是，也可以通过阻止事件冒泡或者使用事件捕获来改变事件的传播方式。

2. 停止事件传播

有时需要停止事件在事件流中的传播。可以使用 event.stopPropagation() 方法来实现这一点。

例如，下面的代码演示了如何使用 event.stopPropagation() 方法停止事件的传播：

```
<div id="outer">
    <div id="inner">
        <button id="myButton">Click Me</button>
    </div>
</div>
<script>
    function handleInnerClick(event) {
        event.stopPropagation();
        alert('Inner clicked!');
    }
    function handleOuterClick(event) {
        alert('Outer clicked!');
    }
    var inner=document.getElementById('inner');
    var outer=document.getElementById('outer');
    inner.addEventListener('click', handleInnerClick);
    outer.addEventListener('click', handleOuterClick);
```

```
</script>
```

当单击按钮时，只会触发内部的单击事件，而不会触发外部的单击事件，因为 event.stopPropagation() 方法停止了事件的传播。

3. 阻止默认行为

有时需要阻止事件的默认行为。例如，阻止链接的默认行为可以防止页面跳转。可以使用 event.preventDefault() 方法来实现这一点。

例如，下面的代码演示了如何使用 event.preventDefault() 方法来阻止链接的默认行为：

```
<a href="https://www.iflytek.com/" id="myLink">Google</a>
<script>
    function handleLinkClick(event) {
        event.preventDefault();
        alert('Link clicked!');
    }
    var myLink=document.getElementById('myLink');
    myLink.addEventListener('click', handleLinkClick);
</script>
```

当单击链接时，不会跳转到 iflytek 页面，只会触发 handleLinkClick() 函数。

4. 事件委托

事件委托是一种利用事件冒泡的技术。通过将事件处理程序绑定到父元素，可以处理子元素上的事件。

例如，下面的代码演示了如何使用事件委托来处理动态添加的列表项的单击事件：

```
<ul id="myList">
    <li>Item 1</li>
    <li>Item 2</li>
    <li>Item 3</li>
</ul>
<script>
    function handleListClick(event) {
        if(event.target.tagName==='LI') {
            alert('Clicked item:'+ event.target.textContent);
        }
    }
    var myList=document.getElementById('myList');
    myList.addEventListener('click', handleListClick);
</script>
```

5. 总结

JavaScript 事件流是处理事件的机制，"事件流"分为捕获阶段、目标阶段和冒泡阶段。JavaScript 提供了一些方法来处理事件流，如事件处理程序、停止事件传播、阻止默认行为和事件委托。熟练掌握 JavaScript 事件流的知识对于编写交互性强的网页至关重要。

Web 前端技术基础

10.4 项目实施

（1）创建项目文件夹 project-js-10，并通过 Visual Studio Code 打开项目文件夹，然后在项目下创建一个命名为 index.html 的网页文件，在文件中输入"！"利用工具快捷方式生成 HTML 结构代码，如图 10-2 所示。

图 10-2 项目结构图

（2）在 index.html 中创建"调色板"基础网页结构，这里的调色板由三个 <div> 标签构成。为了方便设置 <div> 标签，在每个 <div> 标签上添加 class 属性，同时添加自定义属性 data-color 属性。然后在添加两个 <div> 标签用来设置原点和操作记录板。代码如下所示。

```
<body>
    <div class="outer common" data-color=" deeppink ">
        <div class="middle common" data-color=" skyblue ">
            <div class="inner common"
                data-color=" antiquewhite "></div>
        </div>
    </div>
    <!-- 圆点 -->
    <div id="dot"></div>
    <!-- 操作记录板 -->
    <p id="record"></p>
</body>
```

（3）在网页的 <head> 标签内添加 <style> 标签，在标签中定义对应的样式。这里要注意，在小圆点的结构样式设计上，需要考虑后期需要设置小圆点的位置跟随鼠标的位置，而 CSS 元素的坐标点默认是左上角顶点。因此，需要移动该元素位置，让其向左和上分别移动自身宽高的 -50%，将 CSS 元素的坐标点设置为其中心点而不是左上角顶点。

在操作记录区域，使用固定定位将该区域固定在页面的左下角。同时，考虑到多项操作记录可能会导致内容高度超过区域高度，因此还需要给该结构设置一个滚动条。

以下为示例代码：

```
<style>
    .outer { width: 300px;height: 300px;background-color: deeppink; }
    .middle { width: 200px;height: 200px;background-color: skyblue; }
    .inner {
      width: 100px;height: 100px;background-color: blanchedalmond;
    }
    .common {
      border-radius: 50%;display: flex;justify-content: center;
      align-items: center;
    }
    #dot {
      width: 30px;height: 30px;border-radius: 50%;
      position: absolute;background-color: rgba(200, 200, 200, .8);
      transform: translate(-50%, -50%);z-index: -1;
    }
    #record {
      position: fixed;bottom: 0px;left: 0px;
      width: 500px;height: 300px;overflow-y: auto;
      background-color: azure;
    }
</style>
```

浏览器运行后效果如图 10-3 所示。

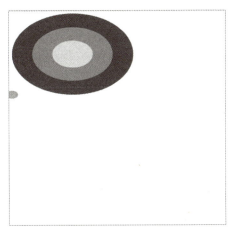

图 10-3　调色板基本样式效果

（4）完成小圆点跟随鼠标移动。在该步骤中，可以尝试使用 on 事件的方式来实现小圆点跟随鼠标的效果。首先需要给整个文档绑定一个鼠标移动事件（mousemove），然后在事件对象中获取当前鼠标的 pageX 与 pageY 信息，最终将获得的数据赋值给圆点的 left 属性与 top 属性。参考代码如下所示。

```
<script>
    // 获取圆点的 DOM 对象
    var dot=document.getElementById('dot');
    // 练习使用 on 方式绑定事件，在整个文档区域绑定鼠标移动事件
    document.onmousemove=function (e) {
    // 通过事件对象中的 pageX 与 pageY 属性来设置小圆点在页面上的位置
        dot.style.left=e.pageX +'px';
        dot.style.top=e.pageY +'px';
    }
</script>
```

注意：以上的 <script> 标签内容必须放在操作记录版的 <p> 标签之后。

（5）完成调色板点击事件的绑定。在该步骤中，使用 addEventListener 方式给每个调色板绑定一个单击事件，并实现圆点的颜色变化。

首先，需要获取各个调色板的 DOM 对象。

其次，封装一个改变颜色的方法 changeDotColor 与生成操作记录的方法 generateRecordItem。在 changeDotColor 中通过事件对象获取调色板 dataset 中 color 属性的值，并将该值赋值给小圆点的 background-color 属性以完成圆点换色。在 generateRecordItem 中生成一个 p 标签并将操作记录添加到 p 标签的内容中去。

最后，给每个调色板绑定一个单击事件，在单击事件中调用 changeDotColor 与 generateRecordItem，达到最终的效果。

以下为参考代码：

```
// 获取内中外层调色板对象
var outer=document.getElementsByClassName("outer")[0];
var middle=document.getElementsByClassName("middle")[0];
var inner=document.getElementsByClassName("inner")[0];

// 获取操作面板对象
var record = document.getElementById("record");

// 给外层面板绑定点击事件
outer.addEventListener("click", function (e) {
    changeDotColor(e);
    record.appendChild(
        generateRecordItem(" 鼠标点击了外层的调色板，设置为深粉色！ ")
    );
});

// 给中间层面板绑定点击事件
middle.addEventListener("click", function (e) {
```

```
        changeDotColor(e);
            record.appendChild(
                generateRecordItem("鼠标点击了中层的调色板, 设置为天空蓝! ")
            );
    });

    // 给内层面板绑定点击事件
    inner.addEventListener("click", function (e) {
        changeDotColor(e);
            record.appendChild(
                generateRecordItem("鼠标点击了内层的调色板, 设置为杏仁色! ")
            );
    });

    // 调色板点击事件
    function changeDotColor(e) {
        // 点击事获取调色板dataset对象中的color属性, 并将该属性动态赋值给圆点的背景色
        dot.style.backgroundColor=e.target.dataset.color;
    }

    // 生成操作记录DOM结构方法
    function generateRecordItem(content) {
        var ele=document.createElement("p");
        ele.innerText=content;
        return ele;
    }
```

（6）优化单击事件处理程序。在上一步中，发现当单击内层调色板时，会在操作记录中记录三条操作信息。这是由于事件冒泡的特性产生的。因此，在本步骤中需要使用事件对象的stopPropagation()方法来阻止捕获和冒泡阶段中当前事件的进一步传播。

由于changeDotColor函数在内中外三层调色板单击时均会被调用。因此，只需要在该方法中加入阻止事件传播的代码即可。

以下为参考代码：

```
    // 调色板点击事件
    function changeDotColor(e) {
        // 阻止事件传播
        e.stopPropagation()
        // 点击事获取调色板dataset对象中的color属性, 并将该属性动态赋值给圆点的背景色
        dot.style.backgroundColor=e.target.dataset.color;
    }
```

小结

本项目介绍 JavaScript 事件的概念和基本知识。项目中介绍了如何在 HTML 元素上绑定事件监听器,以及如何在事件触发时执行相应的代码,还介绍了事件对象及其属性和方法,以及常用的事件类型和事件处理程序的使用。

通过学习本项目,读者能够掌握以下技能:
(1)在 HTML 元素上绑定事件监听器;
(2)理解事件冒泡和捕获机制;
(3)访问事件对象及其属性和方法;
(4)使用常用的事件类型和事件处理程序。

练习题

1. 编写一个页面,在页面上添加一个按钮和一个文本框。当用户单击按钮时,在文本框中显示当前时间。

2. 编写一个页面,在页面上添加一个按钮和一张图片。当用户单击按钮时,更换图片的 src 属性,实现图片的轮换。

3. 编写一个页面,在页面上添加一个表格。当用户单击表格的某一行时,该行的背景色变为红色,再次单击时恢复为原来的颜色。

4. 编写一个页面,在页面上添加一个下拉列表框和一个文本框。当用户选择下拉列表框中的某一项时,在文本框中显示该项的值。

5. 编写一个页面,在页面上添加一个文本框。当用户在文本框中输入内容时,在页面上动态显示输入内容的长度。

项目 11

随机菜单生成器制作

11.1 项目导入

小张同学准备做一个随机菜单生成器,用来决定他每天的午餐。要求使用 DOM 元素操作对菜单内容进行切换,以达到随机的目的。页面设计如图 11-1 所示。

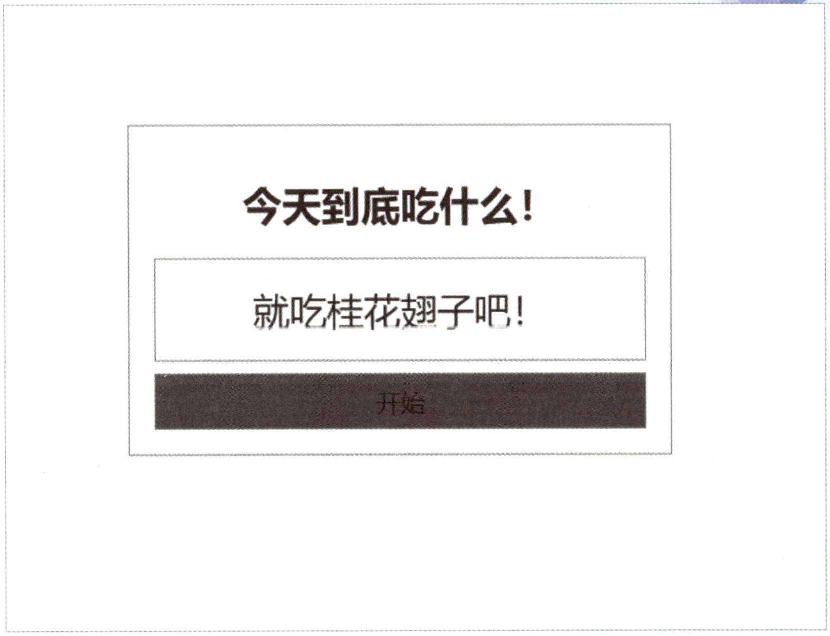

图 11-1 项目主页

请读者帮助小张同学完成这个随机菜单生成器的制作。

11.2 学习目标

11.2.1 职业能力
- 掌握扎实的计算机专业基础知识；
- 培养良好的学习能力；
- 培养优秀的动手实践能力。

11.2.2 知识目标
- 掌握 DOM 的概念；
- 掌握如何获取元素；
- 掌握如何操作元素内容；
- 掌握如何操作元素属性；
- 掌握 DOM 节点操作。

11.2.3 职业素养
- 践行社会主义核心价值观，充分学习技能，为社会发展做出贡献；
- 诚信待人，在学习工作中虚心请教；
- 热爱工作，为实现中华民族伟大复兴中国梦贡献自己的力量。

11.3 相关知识

11.3.1 DOM 的相关概念

DOM 是一项 W3C 标准（World Wide Web Consortium）。

DOM 定义了访问文档的标准：W3C 文档对象模型（DOM）是中立于平台和语言的接口，它允许程序和脚本动态地访问、更新文档的内容、结构和样式。

W3C DOM 标准被分为三种：

（1）Core DOM：所有文档类型的标准模型；

（2）XML DOM：XML 文档的标准模型；

（3）HTML DOM：HTML 文档的标准模型。

本项目所介绍的 DOM 是指 HTML DOM。可以从以下几个关键词去理解。

1. HTML DOM

HTML DOM 是 HTML 的标准对象模型和编程接口。它定义了：

（1）作为对象的 HTML 元素；

（2）所有 HTML 元素的属性；

（3）访问所有 HTML 元素的方法；

（4）所有 HTML 元素的事件。

换言之，HTML DOM 是关于如何获取、更改、添加或删除 HTML 元素的标准。

2. DOM 树

当网页被加载时，浏览器会创建页面的文档对象模型（document object model）。

HTML DOM 模型会被结构化为对象树，如图 11-2 所示。

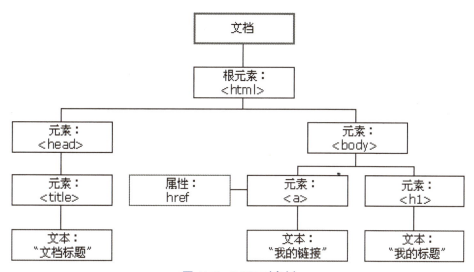

图 11-2　DOM 对象树

通过这个对象模型，JavaScript 能够获得创建动态 HTML 的所有功能：

（1）JavaScript 能改变页面中的所有 HTML 元素；

（2）JavaScript 能改变页面中的所有 HTML 属性；

（3）JavaScript 能改变页面中的所有 CSS 样式；

（4）JavaScript 能删除已有的 HTML 元素和属性；

（5）JavaScript 能添加新的 HTML 元素和属性；

（6）JavaScript 能对页面中所有已有的 HTML 事件做出反应；

（7）JavaScript 能在页面中创建新的 HTML 事件。

3. DOM 方法和属性

HTML DOM 方法是能够（在 HTML 元素上）执行的动作。

HTML DOM 属性是能够设置或改变的 HTML 元素的值。

简单来说，属性是能够获取或设置的值（如改变 HTML 元素的内容），而方法则是能够完成的动作（如添加或删除 HTML 元素）。

11.3.2　获取 DOM 元素

想要操作一个元素，首先就是要获取到这个元素。可以通过 JS 来找到这些元素。JS 提供了以下方法来查找元素：

（1）通过 id 查找 HTML 元素；

（2）通过标签名查找 HTML 元素；

（3）通过类名查找 HTML 元素；
（4）通过 CSS 选择器来查找 HTML 元素；
（5）通过 HTML 对象集合查找 HTML 元素。
通过 js 获取 HTML 元素常用函数见表 11-1。

表 11-1　通过 js 获取 HTML 元素常用函数表

要　求	代　码
查找 id 为 demo 的元素	document.getElementById("demo");
查找标签所有 \<p\> 标签元素	document.getElementsByTagName("p");
查找类名为 demo 的元素	document.getElementsByClassName("demo");
查找 class="demo" 的所有 \<p\> 元素列表	document.querySelectorAll("p.demo");
查找 class="demo" 的第一个 \<p\> 元素列表	document.querySelector("p.demo");

需要注意的是，在通过 CSS 选择器查找 HTML 的时候，应该遵循 CSS 选择器的语法规则；并且通过类名查找 HTML 元素的方式不适用于 IE 8 及其更早版本。

当获取到的元素不止一个的时候，会以伪数组的形式存在，可以通过索引获得相应的元素。

11.3.3　操作元素内容

之前介绍了如何获取 DOM 元素。那么，想要去操作元素内容，使其变成想要的内容的时候，该怎么办呢？有两种办法可以达到这种效果。

1. 修改 innerHTML 属性

这个方式非常强大，不但可以修改一个 DOM 节点的文本内容，还可以直接通过 HTML 片段修改 DOM 节点内部的子树；用 innerHTML 时要注意是否需要写入 HTML。如果写入的字符串是通过网络获取的，要注意对字符编码来避免 XSS 攻击。

2. 修改 innerText 或 textContent 属性

这两种方式可以自动对字符串进行 HTML 编码，保证无法设置任何 HTML 标签。两者的区别在于读取属性时，innerText 不返回隐藏元素的文本，而 textContent 返回所有文本。另外注意 IE 9 以下版本的浏览器不支持 textContent。示例如图 11-3 所示。

innerHTML效果：

Hello Kitty!

innerText效果：

\<h3\>Hello Kitty!　\</h3\>

图 11-3　示例图

11.3.4　操作元素属性

如果想要修改某个元素的背景颜色、边框等，那就需要操作元素属性了。HTML DOM 允许

JavaScript 更改 HTML 元素的样式。语法格式如下：

```
document.getElementById(id).style.property=new style
```

修改段落文字的颜色，示例代码如下：

```
document.getElementById("p2").style.color="red";
```

效果如图 11-4 所示。

初始文字：Hello World!

修改后：Hello World!

图 11-4　修改文字案例效果图

style 属性可以操作任何 CSS 样式属性，部分属性的示例见表 11-2 ~ 表 11-10。

表 11-2　背景相关属性表

属　性	描　述
background	在一行中设置所有的背景属性
backgroundAttachment	设置背景图像是否固定或随页面滚动
backgroundColor	设置元素的背景颜色
backgroundImage	设置元素的背景图像
backgroundPosition	设置背景图像的起始位置
backgroundPositionX	设置 backgroundPosition 属性的 X 坐标
backgroundPositionY	设置 backgroundPosition 属性的 Y 坐标
backgroundRepeat	设置是否及如何重复背景图像

表 11-3　盒模型相关属性表

属　性	描　述
border	在一行设置四个边框的所有属性
borderBottom	在一行设置底边框的所有属性
borderBottomColor	设置底边框的颜色
borderBottomStyle	设置底边框的样式
borderBottomWidth	设置底边框的宽度
borderColor	设置所有四个边框的颜色（可设置四种颜色）
borderLeft	在一行设置左边框的所有属性
borderLeftColor	设置左边框的颜色
borderLeftStyle	设置左边框的样式

续表

属　　性	描　　述
borderLeftWidth	设置左边框的宽度
borderRight	在一行设置右边框的所有属性
borderRightColor	设置右边框的颜色
borderRightStyle	设置右边框的样式
borderRightWidth	设置右边框的宽度
borderStyle	设置所有四个边框的样式（可设置四种样式）
borderTop	在一行设置顶边框的所有属性
borderTopColor	设置顶边框的颜色
borderTopStyle	设置顶边框的样式
borderTopWidth	设置顶边框的宽度
borderWidth	设置所有四条边框的宽度（可设置四种宽度）
margin	设置元素的边距（可设置四个值）
marginBottom	设置元素的底边距
marginLeft	设置元素的左边距
marginRight	设置元素的右边据
marginTop	设置元素的顶边距
outline	在一行设置所有的 outline 属性
outlineColor	设置围绕元素的轮廓颜色
outlineStyle	设置围绕元素的轮廓样式
outlineWidth	设置围绕元素的轮廓宽度
padding	设置元素的填充（可设置四个值）
paddingBottom	设置元素的下填充
paddingLeft	设置元素的左填充
paddingRight	设置元素的右填充
paddingTop	设置元素的顶填充

表 11-4　list 属性表

属　　性	描　　述
listStyle	在一行设置列表的所有属性
listStyleImage	把图像设置为列表项标记
listStylePosition	改变列表项标记的位置
listStyleType	设置列表项标记的类型

表 11-5　Positioning 属性表

属　　性	描　　述
bottom	设置元素的底边缘距离父元素底边缘的之上或之下的距离
left	置元素的左边缘距离父元素左边缘的左边或右边的距离
position	把元素放置在 static、relative、absolute 或 fixed 的位置
right	置元素的右边缘距离父元素右边缘的左边或右边的距离
top	设置元素的顶边缘距离父元素顶边缘的之上或之下的距离
zIndex	设置元素的堆叠次序

表 11-6　Printing 属性表

属　　性	描　　述
orphans	设置段落留到页面底部的最小行数
page	设置显示某元素时使用的页面类型
pageBreakAfter	设置某元素之后的分页
pageBreakBefore	设置某元素之前的分页
pageBreakInside	设置某元素内部的分页
size	设置页面的方向和尺寸
widows	设置段落必须留到页面顶部的最小行数

表 11-7　Scrollbar 属性表

属　　性	描　　述
scrollbar3dLightColor	设置箭头和滚动条左侧和顶边的颜色
scrollbarArrowColor	设置滚动条上的箭头颜色
scrollbarBaseColor	设置滚动条的底色
scrollbarDarkShadowColor	设置箭头和滚动条右侧和底边的颜色
scrollbarFaceColor	设置滚动条的表色
scrollbarHighlightColor	设置箭头和滚动条左侧和顶边的颜色，以及滚动条的背景
scrollbarShadowColor	设置箭头和滚动条右侧和底边的颜色
scrollbarTrackColor	设置滚动条的背景色

表 11-8　Table 属性表

属　　性	描　　述
borderCollapse	设置表格边框是否合并为单边框，或者像在标准的 HTML 中那样分离
borderSpacing	设置分隔单元格边框的距离
captionSide	设置表格标题的位置
emptyCells	设置是否显示表格中的空单元格
tableLayout	设置用来显示表格单元格、行以及列的算法

表 11-9 Text 属性表

属性	描述
color	设置文本的颜色
font	在一行设置所有的字体属性
fontFamily	设置元素的字体系列
fontSize	设置元素的字体大小
fontSizeAdjust	设置/调整文本的尺寸
fontStretch	设置如何紧缩或伸展字体
fontStyle	设置元素的字体样式
fontVariant	用小型大写字母字体来显示文本
fontWeight	设置字体的粗细
letterSpacing	设置字符间距
lineHeight	设置行间距
quotes	设置在文本中使用哪种引号
textAlign	排列文本
textDecoration	设置文本的修饰
textIndent	缩紧首行的文本
textShadow	设置文本的阴影效果
textTransform	对文本设置大写效果

表 11-10 其他常用属性表

属性	描述
clear	设置在元素的哪边不允许其他的浮动元素
clear	设置在元素的哪边不允许其他的浮动元素
clip	设置元素的形状
content	设置元信息
counterIncrement	设置其后是正数的计数器名称的列表。其中整数指示每当元素出现时计数器的增量。默认是 1
counterReset	设置其后是正数的计数器名称的列表。其中整数指示每当元素出现时计数器被设置的值。默认是 0
cssFloat	设置图像或文本将出现（浮动）在另一元素中的何处
cursor	设置显示的指针类型
direction	设置元素的文本方向
display	设置元素如何被显示
height	设置元素的高度
markerOffset	设置 marker box 的 principal box 距离其最近的边框边缘的距离

续表

属　性	描　述
marks	设置是否 cross marks 或 crop marks 应仅仅被呈现于 page box 边缘之外
maxHeight	设置元素的最大高度
maxWidth	设置元素的最大宽度
minHeight	设置元素的最小高度
minWidth	设置元素的最小宽度
overflow	规定如何处理不适合元素盒的内容
verticalAlign	设置对元素中的内容进行垂直排列
visibility	设置元素是否可见
width	设置元素的宽度

11.3.5　DOM 节点操作

可以对 DOM 树进行节点操作去改变网页内容。DOM 节点操作函数见表 11-11。

表 11-11　DOM 节点操作函数

属　性	描　述
createAttribute()	创建属性节点
createElement()	创建元素节点
createTextNode()	创建文本节点
appendChild()	把新的子节点添加到指定节点
removeChild()	删除子节点
replaceChild()	替换子节点
insertBefore()	在指定的子节点前面插入新的子节点

下面通过示例进行演示。功能需求如下：

单击"新增一段文字"按钮，页面上新增一段文字；单击"删除一段文字"按钮，页面上删除一段文字。

示例代码：

```
<!DOCTYPE html>
<html>
<body>
    <div id="div1">
        <p id="p1">这是一段文字。</p>
    </div>
    <div id="div2">
        <button onclick="add()">新增一段文字</button>
```

```
            <button onclick="remove()">删除一段文字</button>
        </div>
        <script>
            var flag = 1;
            function add() {
                var node = document.createElement("p");
                node.innerHTML = '新增文字' + flag;
                var element = document.getElementById("div1");
                element.appendChild(node);
                flag++;
            }
            function remove() {
                var element = document.getElementById("div1");
                var child = document.querySelectorAll('p');
                element.removeChild(child[child.length - 1]);
            }
        </script>
    </body>
</html>
```

浏览器运行后的效果如图 11-5 所示。

图 11-5　示例效果

11.4　项目实施

（1）创建项目文件夹 project-js-11，在项目下创建 index.html 文件，然后通过代码编辑器快捷指令"！"来生成 HTML 结构代码，如图 11-6 所示。

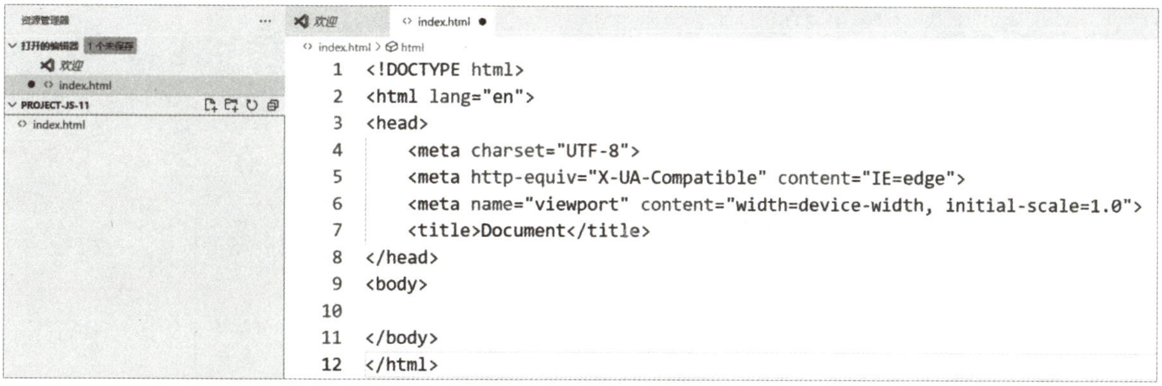

项目 11　随机菜单生成器制作

图 11-6　创建项目

（2）在 index.html 网页中创建基本结构，代码如下所示。

```html
<div class="demo">
    <h1 align="center">今天到底吃什么！</h1>
    <div class="box">让我来看看</div>
    <button class="button" onclick="fun()">开 始</button>
</div>
```

视 频

随机菜单
生成器

浏览器运行后效果如图 11-7 所示。

图 11-7　项目基本结构图

（3）在网页 <head> 标签中添加 <style> 标签，给网页基本结构添加对应的样式，示例代码如下：

```css
<style>
.demo { width: 400px;border: 1px solid #999;position: absolute;
        left: 50%;top: 50%;text-align: center;padding: 20px;
        -webkit-transform: translate(-50%, -50%);
        -moz-transform: translate(-50%, -50%);
        -ms-transform: translate(-50%, -50%);
        -o-transform: translate(-50%, -50%);
        transform: translate(-50%, -50%);  }
.box { border: 1px solid #999;padding: 20px;font-size: 30px; }
.demo button { font-family: "Microsoft YaHei";font-size: 20px;
  margin-top: 10px;width: 100%;border: 1px solid #999;
```

```
            background-color: green;cursor: pointer;line-height: 40px;
            outline: none;}
    </style>
```

浏览器运行后效果如图 11-8 所示。

图 11-8　添加样式后的项目基本结构

（4）在 <body> 标签里的 <div> 标签之后添加 <script> 标签，在 <script> 标签中准备菜单要使用的数据，示例代码如下：

```
<script>
        // 数据准备，使用 String 的数据格式获取名字数组
        let nameList=new String("烧花鸭、烧雏鸡、烧子鹅、卤猪、卤鸭、酱鸡、腊肉、松花、小肚儿、晾肉、香肠儿、什锦苏盘、熏鸡白肚儿、樱桃肉、马牙肉、米粉肉、一品肉、栗子肉、坛子肉、红焖肉、黄焖肉、酱豆腐肉、晒炉肉、炖肉、黏糊肉、烀肉、扣肉、松肉、罐儿肉、烧肉、大肉、烤肉、白肉、红肘子、白肘子、熏肘子、水晶肘子、蜜蜡肘子、锅烧肘子、扒肘条、炖羊肉、酱羊肉、烧羊肉、烤羊肉、清蒸羊肉、五香羊肉");
        let nameArr=nameList.split('、');
        let mytime=null;
</script>
```

注意：以上菜名较多，读者可以适当删减。

（5）在 <script> 标签中定义 show 函数，示例代码如下：

```
function show() {
    // 获取 class==box 的对象
    let box=document.getElementsByClassName('box')[0];
    // 获取随机整数，范围在 0-nameLis.length 之间

    let num=parseInt((Math.random()*10000) % nameArr.length);
    // 设置 box 对应元素的值
```

```
    box.innerHTML=' 就吃 ' + nameArr[num] + ' 吧! ';
    // 递归调用 show() 实现不断切换名字
    mytime=setTimeout("show()", 10);
}
```

（6）在 <script> 标签中定义 fun 函数，示例代码如下：

```
function fun() {
// 获取对应的元素
let button=document.getElementsByClassName('button')[0];
if(mytime==null) {// 没有开始执行随机点名程序
    button.style.backgroundColor="red";
    button.innerHTML=' 停止 ';
    show();// 调用 show() 方法
} else {// 说明直在执行 show()
    button.style.backgroundColor='green';
    button.innerHTML=' 开始 ';
    // 重置 mytime
    clearTimeout(mytime);
    mytime=null;
}
```

（7）完成项目编码之后，使用浏览器运行此 HTML 文件，单击绿色的开始按钮，按钮变色且文字变为停止字样，中间菜单不停翻滚。再次单击中间按钮，中间菜单停止滚动，按钮变回绿色，文字变为开始并显示最终随机的菜品名称。效果如图 11-9 所示。

图 11-9 菜单效果

 小结

本项目通过一个网页中常见的注册表单的制作，介绍了以下内容：

Web 前端技术基础

（1）DOM 的概念；
（2）如何获取元素；
（3）如何操作元素内容；
（4）如何操作元素属性；
（5）DOM 节点操作。

通过本项目的介绍，相信读者对 DOM 元素的操作有了一个比较明确的认识。另外，DOM 操作的学习难度并不大，但是需要记忆的内容比较多，所以希望各位读者能够多做、多练、多记，慢慢地熟能生巧，自然便能掌握这节知识。

练习题

请仿照章节项目，完成动态创建表格制作，表单效果如图 11-10 所示。

图 11-10　动态创建表格

项目 12

整点报时时钟

12.1 项目导入

时钟是网站中非常常见的功能。本项目开发一个具有整点报时功能的时钟,同时提供"开始"和"暂停"按钮对时钟进行控制,如图 12-1 所示。

图 12-1　整点报时时钟效果图

12.2 学习目标

12.2.1 职业能力

- 掌握扎实的计算机专业基础知识；
- 培养良好的学习能力；
- 培养优秀的动手实践能力。

12.2.2 知识目标

- 了解浏览器对象模型的概念；
- 熟悉浏览器对象模型中几种常见的对象；
- 掌握弹出层的使用；

Web 前端技术基础

- 掌握定时器的使用；
- 掌握 location 对象的使用。

12.2.3 职业素养

- 践行社会主义核心价值观，充分学习技能，为社会发展做出贡献；
- 诚信待人，在学习工作中虚心请教；
- 热爱工作，为实现中华民族伟大复兴中国梦贡献自己的力量。

12.3 相关知识

12.3.1 浏览器对象模型的简介

浏览器对象模型（Browser Object Model，BOM）提供了一些主要用于访问浏览器的功能的对象，赋予了 JavaScript 操作浏览器的能力。

BOM 主要是由多个子对象组成的，其中 window 对象是核心，也是顶层对象，代表浏览器环境中的一个全局顶级对象，因此所有在浏览器环境中使用的对象（如 DOM 对象）都是 window 对象的子级对象，被作为 window 对象的属性来引用。BOM 是以 window 对象为依托的浏览器对象模型，它将浏览器当作一个对象，用于与浏览器窗口进行交互。每个浏览器厂商都有自己的 BOM 实现，因此可能会出现容性问题。

BOM 实际上是对一系列在浏览器环境中使用对象的统称，这些对象提供了访问浏览器的功能。BOM 主要组成部分如图 12-2 所示。

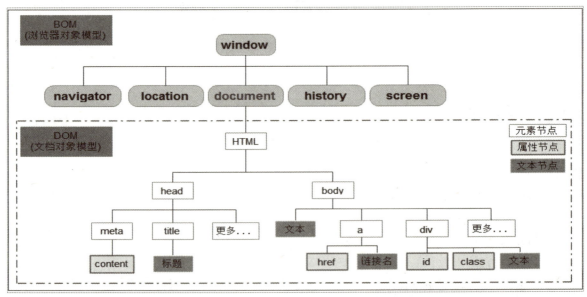

图 12-2　BOM 主要组成部分

注意以下对象的含义：

- window 对象：表示浏览器窗口，是 JavaScript 的顶层对象。
- location 对象：浏览器当前的 URL 信息。
- navigator 对象：浏览器本身信息。
- history 对象：浏览器的浏览历史记录信息。
- screen 对象：浏览器的屏幕信息。
- document 对象：代表当前窗口的网页文档。该对象是 JavaScript 对 DOM 的具体实现。

在 BOM 和 DOM 结构层次图中，document 对象属于 window 对象，所以 DOM 也可以看作 BOM 的一部分。

window 对象是 BOM 的核心，是 JavaScript 层级中的顶层对象，它是浏览器的一个实例。在浏览器中，window 对象有双重角色，它既是 JavaScript 访问浏览器窗口的一个接口，又是 ECMAScript 规定的全局对象。window 对象还实现了核心 JavaScript 所定义的所有全局属性和方法。

（1）window 的常用对象属性：

- pageXOffset：设置或返回当前页面相对于窗口显示区左上角的 X 位置；
- pageYOffset：设置或返回当前页面相对于窗口显示区左上角的 Y 位置；
- screenLeft，screenTop，screenX，screenY：声明窗口的左上角在屏幕上的 x 坐标和 y 坐标。IE、Safari 和 Opera 支持 screenLeft 和 screenTop，而 Firefox 和 Safari 支持 screenX 和 screenY。

（2）window 的常用方法：

- onload()：当页面完全加载到浏览器上时，触发该事件；
- onscroll()：当窗口滚动时触发该事件；
- onresize()：当窗口大小发生变化时触发该事件；
- alert()：弹出一个提示框；
- confirm()：弹出一个询问框；
- prompt()：弹出一个输入框；
- open()：打开一个新的浏览器窗口或查找一个已命名的窗口。

下面是 alert() 方法的示例：

```
alert('现在是北京时间八点整');
```

浏览器运行的效果如图 12-3 所示。

图 12-3　alert() 方法运行效果

在 JavaScript 中，window 对象是全局对象，所有的表达式都在当前的环境中计算。而要引用当前窗口根本不需要特殊的语法，可以直接把窗口的属性作为全局变量来使用。例如，窗口的 document 属性就是直接写 document 就可以使用了，而不必写 window.document。同样，可以直接把当前窗口对象的方法当作函数来使用，如 window 的 alert() 方法，不需要写 window.alert()，直接调用 alert() 即可。

12.3.2 常用浏览器对象模型

接下来介绍 BOM 中重要的对象。

1. location 对象

location 对象表示当前页面的 URL 信息，可以使用它来获取当前页面的 URL，也可以使用它来跳转到新的页面。它也可以用来获取当前页面的相关信息，如协议、主机名、端口号等。

location 对象的常用属性有：

- location.herf：当前 URL 地址；
- location.portocol：返回页面使用的协议，HTTP 或 HTTPS；
- location.host：返回服务器名称和端口号；
- location.port：返回 URL 中的指定的端口号，如 URL 中不包含端口号返回空字符串；
- location.search：返回 query（？号）后面的所有值。

location 对象的常用函数有：

- href()：设置或获取整个 URL 为字符串；
- reload()：重新加载页面地址；
- replace()：重新定向 URL，不会在历史记录中生成新记录。

试一试：下面的示例是使用 location 对象的 href 属性，让当前页面跳转到学习强国网站的首页。示例代码如下：

```
location.href = 'https://www.xuexi.cn/';
```

执行上述代码后，浏览器的当前窗口跳转到学习强国网站的首页。

2. navigator 对象

navigator 对象表示浏览器的信息，可以使用它来获取浏览器的名称、版本、操作系统等信息。它还可以用来检测浏览器是否支持某些特性，如检测浏览器是否支持某种 JavaScript 功能。

navigator 对象的常用属性有：

- navigator.platform：操作系统类型；
- navigator.userAgent：浏览器发送服务器的用户标头，包含有关浏览器名称、版本和平台信息；
- navigator.appName：浏览器名称；
- navigator.appVersion：浏览器版本；
- navigator.language：浏览器设置的语言。

试一试：在浏览器控制台输出 navigator 的内容，并找出浏览器所使用的内核。示例效果如图 12-4 所示。

项目 12　整点报时时钟

```
> navigator
< ▼ Navigator {vendorSub: "", productSub: "20030107", vendor: "Google Inc.", maxTouchPoi
    nts: 0, userActivation: UserActivation, …}
      appCodeName: "Mozilla"
      appName: "Netscape"
      appVersion: "5.0 (Windows NT 10.0; WOW64) AppleWebKit/537.36 (KHTML, like Gecko) …
    ▶ bluetooth: Bluetooth {}
    ▶ clipboard: Clipboard {}
    ▶ connection: NetworkInformation {onchange: null, effectiveType: "4g", rtt: 50, dow…
      cookieEnabled: true
    ▶ credentials: CredentialsContainer {}
      deviceMemory: 8
      doNotTrack: null
    ▶ geolocation: Geolocation {}
      hardwareConcurrency: 8
    ▶ hid: HID {onconnect: null, ondisconnect: null}
    ▶ keyboard: Keyboard {}
      language: "zh-CN"
    ▶ languages: (2) ["zh-CN", "zh"]
```

图 12-4　navigator 对象的内容

3. history 对象

history 对象表示浏览器的历史记录，可以使用它来访问浏览器的历史记录，如获取上一次访问的 URL、前进或后退到上一次访问的页面等。

navigator 对象的常用属性有：

- history.back()：加载历史列表中的前一个 URL；
- history.forward()：加载历史列表中的下一个 URL；
- history.go()：-1 表示上一页，1 表示下一页。

试一试：使用 history 对象控制页面的后退和前进。效果如图 12-5 所示。

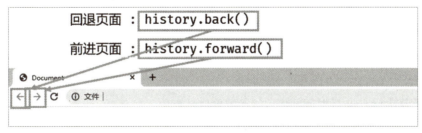

图 12-5　history 对象控制页面的后退和前进

4. screen 对象

screen 对象表示屏幕的信息，可以使用它来获取屏幕的分辨率、颜色深度等信息。它还可以用来检测屏幕是否支持某些特性，如检测屏幕是否支持某种分辨率。

screen 对象的常用属性有：

- width：显示浏览器的屏幕的宽度，以像素计；
- height：显示浏览器的屏幕的高度，以像素计；
- screen.availWidth：显示浏览器的屏幕的可用宽度，以像素计；

- screen.availHeight：显示浏览器的屏幕的可用高度，以像素计。

screen 对象的应用场景有：

- 响应式设计：可以使用 window.screen 对象来检测屏幕的分辨率，从而实现响应式设计；
- 屏幕截图：可以使用 window.screen 对象的 width 和 height 属性来获取屏幕的分辨率，从而实现屏幕截图功能。

12.3.3 定时器

JavaScript 中的定时器是一种用于在指定的时间间隔内执行某个任务的机制。它可以用来实现定时执行某个任务，也可以用来实现定时循环执行某个任务。它的主要方法有 setTimeout() 和 setInterval()，分别用于实现定时执行和定时循环执行。

1. 延时定时器 setTimeout()

setTimeout() 是 JavaScript 中的一个定时器，它可以在等待指定时间（毫秒）后再执行执行某个任务。

语法：

```
setTimeout (func, interval, args)
```

参数：

func：需要执行的代码，可以是一个代码串，也可以是一个函数，该参数是字符串类型。

interval：重复执行 code 的时间间隔，该参数单位是毫秒。

args：参数列表（可选），可以将参数列表传给执行函数。

返回值：会返回一个 ID（数字类型），可以将此 ID 传递给 clearTimeout() 函数用来执行取消操作。

2. 间隔定时器 setInterval()

setInterval() 是 JavaScript 中的一个定时器，它可以在指定的时间(毫秒)间隔内循环执行某个任务。间隔定时器 setInterval 的语法格式与延时定时器 setTimeout 的语法格式一致。

语法：

```
setInterval(func, interval, args)
```

参数：

func：需要执行的代码，可以是一个代码串，也可以是一个函数，该参数是字符串类型。

interval：重复执行 code 的时间间隔，该参数单位是毫秒。

args：参数列表（可选），可以将参数列表传给执行函数。

返回值：会返回一个 ID（数字类型），可以将此 ID 传递给 clearInterval() 函数用来执行取消操作。

试一试：使用定时器，3 s 后在页面上弹出"这是定时器"。

示例代码如下：

```
setTimeout(function () { alert ('这是定时器'); }, 3000)
```

运行的效果如图 12-6 所示。

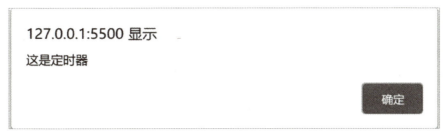

图 12-6　在页面上弹出"这是定时器"

3. 关闭定时器

JavaScript 中可以使用 clearTimeout() 和 clearInterval() 来关闭定时器。clearTimeout() 用于关闭 setTimeout() 定时器，clearInterval() 用于关闭 setInterval() 定时器。

关闭定义器的语法如下：

- clearTimeout(要关闭的定时器返回值)
- clearInterval(要关闭的定时器返回值)

试一试：在页面上显示一个 10 s 倒计时，当时间为 0 后，倒计时停止运行。

示例代码如下：

```
<p>当前倒计时：<span>10</span></p>
<script>
    var timer=setInterval(function () {
      var show=document.querySelector('span');
      var cur_time=parseInt(show.innerText)-1;
      if (cur_time <=0) {
        clearInterval(timer);
      }
      show.innerText=cur_time;
    }, 1000);
</script>
```

浏览器运行效果如图 12-7 ~ 图 12-9 所示。

图 12-7　倒计时开始

图 12-8　倒计时运行中

图 12-9　倒计时结束

12.4　项目实施

时钟

可以按以下步骤完成导入项目，项目中的时间日期显示用到了 JavaScript Date 对象的知识点，有兴趣的读者可以自行查阅学习。

（1）创建项目文件夹 project-js-12，使用 Visual Studio Code 打开项目文件夹，然后在项目下创建 index.html 文件。使用 Visual Studio Code 的快捷方式在 index.html 输入 "！" 生成 HTML 基础结构。然后在项目下创建子文件夹 imgs，最后将课程资源中的 clock.png 图片放入 imgs 文件夹中，效果如图 12-10 所示。

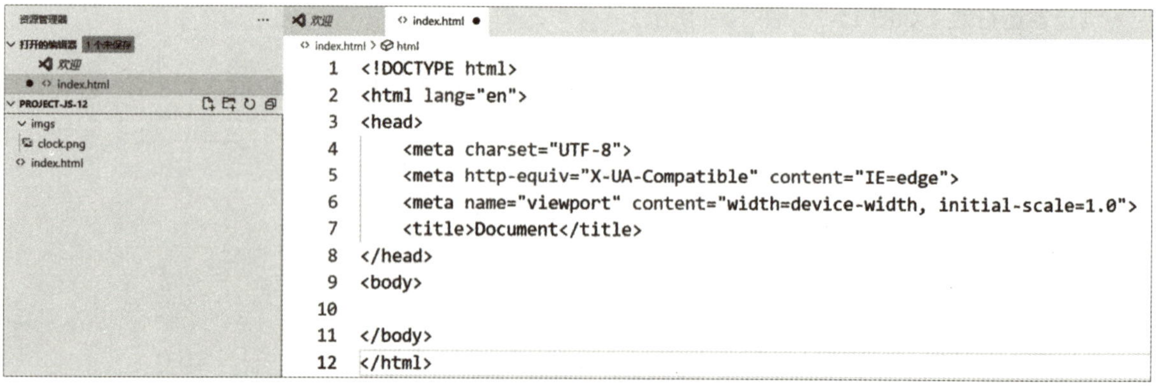

图 12-10　创建项目

（2）在 index.html 文件中，使用相应的 HTML 标签搭建页面，并使用 CSS 美化效果，示例代码如下：

```html
<head>
  <style>
    * { font-size: 22px; }
    body { display: flex; }
    #clock { margin-right: 20px; }
    #clock img { width: 80px; margin-top: 30px; }
    #btns { display: flex; justify-content: space-around; }
  </style>
</head>
<body>
    <div id="clock">
    <img src="./imgs/clock.png" alt="">
    </div>
    <div>
        <p id="time">2023年2月23日 14:30:47</p>
        <div id="btns">
            <button> 开始 </button>
            <button> 暂停 </button>
        </div>
    </div>
</body>
```

页面的初始效果如图 12-11 所示。

图 12-11 时钟的初始效果

（3）在 <body> 标签内的 <div> 标签后添加 <script> 标签，在 <script> 标签内添加 getTime() 函数用于获取系统时间，示例代码如下：

```
// 封装一个简单的时间函数，没有参数时获取当地时间，有参数时获取参数时间
function getTime() {
  time=new Date();
  // 获取年份
  var year=time.getFullYear();
  // 获取月份
  var month=time.getMonth()+1;
```

```
    // 获取天
    var day=time.getDate();
    // 获取小时
    var hours=time.getHours();
    // 此处是一个前导补零操作，根据个人要求可写可不写，以下相同
    hours=hours<10?"0"+hours : hours;
    // 获取分钟
    var minutes=time.getMinutes();
    minutes=minutes<10 ? "0"+minutes : minutes;
    // 获取秒
    var second=time.getSeconds();
    second=second<10?"0"+second : second;
    return { year, month, day, hours, minutes, second };
}
```

（4）在 <script> 标签中定义 setPageTime() 函数，用于进行整点报时，示例代码如下所示。

```
// 调用封装函数，将封装的时间对象写入获取的 p 标签中
function setPageTime() {
    var object=getTime();
    // 整点判断
    if(object.minutes==0 && object.second==0) {
        alert(" 当前为 "+object.hours+" 点 ");
    }
    var oDiv = document.querySelector("#time");
    oDiv.innerHTML='${object.year} 年 ${object.month} 月 ${object.day} 日 ${object.hours}:${object.minutes}:${object.second}`;
}
```

整点报时效果如图 12-12 所示。

图 12-12　整点报时效果

（5）在 <script> 标签内添加 start() 函数用于开始在页面进行计时，示例代码如下所示。

```
// 开始计时
function start() {
    timer=setInterval(function () {
```

```
            setPageTime();
        }, 1000)
    }
    start();
```

（6）在 <script> 标签内添加 stop() 函数用于在页面停止计时，示例代码如下所示。

```
// 暂定计时
function stop() {
    clearInterval(timer)
}
```

（7）给网页的 <button> 标签绑定单击事件处理程序，分别指定处理函数为 start() 和 stop()，示例代码如下：

```
<button onclick="start()">开始</button>
<button onclick="stop()">暂停</button>
```

小结

本项目介绍了 JavaScript 中浏览器对象模型，并能使用 window 对象的常用方法，如弹出层、定时器等。主要知识点包括：

（1）浏览器对象模型的概念和基本组成；
（2）浏览器对象模型的常用对象，如 window、location、navigator、history、screen；
（3）两种定时器（延时定时器和间隔定时器）及相关操作。

BOM 是一组用于操作浏览器的 API，它可以帮助开发者更好地控制浏览器的行为。BOM 包括 window 对象、location 对象、navigator 对象、screen 对象、history 对象等，它们可以帮助开发者获取浏览器的信息，控制浏览器的行为，操作浏览器的历史记录等。

JavaScript 中定时器是一种用于在指定的时间间隔内执行任务的工具。它可以帮助开发者实现定时执行任务的功能，如定时刷新页面、定时发送 Ajax 请求等。JavaScript 中提供了两种定时器：setTimeout() 和 setInterval()，它们可以帮助开发者实现定时任务的功能。

练习题

请在整点报时时钟的基础上，增加工作提醒功能。根据设置的提醒项，达到对应的时间点时，使用弹出层在页面上弹出对应的提示内容。页面效果如图 12-13 所示。

图 12-13 工作提醒功能